建筑装饰装修室内空间照明设计应用手册

（下册）

中国建筑装饰协会建筑电气分会　组织编写

中国建筑工业出版社

目录

Content

上册

下　册

10

书店空间

10.1 书店空间概述

10.2 书店空间照明方式与手法

10.3 案例分析

书店空间

10.1 书店空间概述

10.1.1 书店空间界定

随着诚品书店的引入，西西弗、言几又、钟书阁（图 10–1 ~ 图 10–3）甚至以教科书发行为主的国有企业新华书店(图 10–4) 都相继推出新的店面形象，以更加多元化的综合经营模式及丰富的空间体验，让消费者重新回归实体书店，也带动书店行业走出经营低谷。这些新型实体书店不再是单一书籍售卖的陈列空间，多元化经营，丰富的互动体验，极具视觉冲击力的个性空间装饰，以及咖啡店、文创产品、美食、画展、甚至多功能厅等多元素的复合空间，汇聚了当下最具代表性的时尚元素。它们富有极强的想象力和创造力，是展现品牌个性创意的生活体验店。

图 10–1　西西弗书店

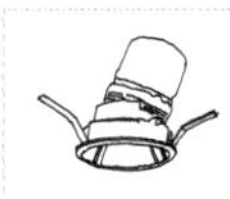    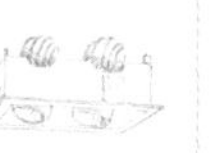 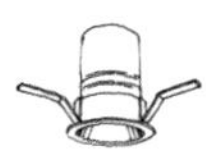 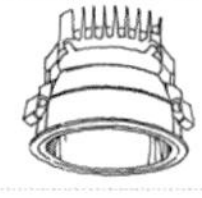 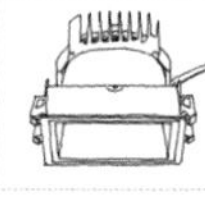 

图 10-2　言几又书店

图 10-3　钟书阁书店

图 10-4　新华书店

当代书店有着全新的定位，它集“文创、文教、文商”为一体，开拓新的消费模式，引领着当代人新的生活方式。同样，书店的照明也从一成不变的天花灯具均匀布置、均匀照明发展到天、地、墙、道具等多方位的考量及点、线、面等不同照明手法的综合运用，照明更注重整体室内建筑风格的表达，以及多层次的灯光环境呈现。

10.1.2　书店空间照明意义与目的

营造良好阅读和商业气氛；
正确传达图书信息；
激发消费者的购买欲望；
促进商品的销售；
展示书店空间魅力。

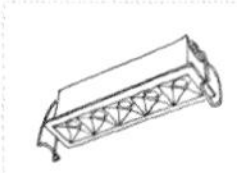
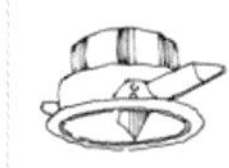

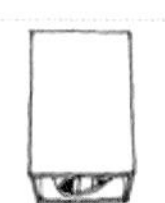

10.1.3 书店空间照明要点

书店各个不同区域的照明设计要求可以从影响消费者行为的角度来分析。

视觉吸引——入口区：通过重点照明、装饰照明等方法以吸引顾客进入店铺。

浏览、选购——图书及商品展示区：书店立面展示需要考虑视觉范围内的照明均匀度，平面展示注重展示区与周边环境的照度比。丰富有节奏的灯光层次可以缓解人的情绪，延长逗留和选购的时间，舒适的阅读环境进一步延长读者在店时间。

阅读、轻餐饮——咖啡及轻食区：阅读区通常与轻餐饮区域临近，注重平面照度，轻餐饮区注重吧台照明与就餐区域照明的层次，餐饮区域需要注重桌面与过道的照度比。

结账——结账柜台：平面重点照明满足快速结账需求。

10.1.4 书店空间照度、色温需求概述

目前书店行业整体趋向温暖且具有丰富层次的照明环境，色温需要契合及平衡书籍 / 商品展示、休息阅读及轻餐饮三大区域。显色指数应不低于 Ra90，陈列展示以外区域也可根据需要使用彩色光。

根据书店品牌个性及空间设计特色，书店的色温选择在 2700 ~ 4000K 之间为宜。

入口区域地面照度在 500lx 左右，相对整体来讲照度较高，以利于吸引顾客进入。除此之外需要关注入口区域的橱窗及焦点展台的立面照明，形成灯光的层次。

图书展示主要分为立面开放书柜、垛式展台及水平展台，需要均匀明亮的光环境，无论立面展示还是水平展示，都应该满足展示及阅读的照明需求，照度建议 350 ~ 500lx 之间。书籍立面陈列照明的视觉均匀度要高，以确保视觉立面的连续性。书店陈列区域与空间非商品区域的照度比通常为 3 ∶ 1 ~ 5 ∶ 1 之间。

商品展示的物品主要有文创产品、教育教具、消费电子产品等，文创产品区域强调气氛营造，照度在 200 ~ 500lx 之间，光线明暗节奏性较强；教育教具及消费电子产品照度 350 ~ 500lx，对均匀度要求较高。

休闲放松的空间则多选用较低色温，强调温暖、温和的感觉。点餐区和就餐区灯光节奏不同，点餐区吧台照度 350 ~ 500lx 之间，就餐区域则在 100 ~ 300lx 之间。

结账柜台需要提供亲切舒适的沟通环境，同时需要凸显结账柜台，以方便寻找，因此立面照明不可忽视，建议垂直面照度 200lx 左右，而台面照度则建议 300 ~ 500lx 之间。

多功能区使用功能多样，一般以新书发布会、展览、讲座等为常见活动。多功能区应根据不同的功能需求提供所需的灯光场景，因此灵活的灯光系统和控制设备格外重要。针对常见的活动，新书发布在 500 ~ 800lx 之间，展览立面展示 200 ~ 300lx 之间，平面展示 300 ~ 500lx 之间。台上台下根据环节的不同也有区别，讲座准备阶段照度 300lx 左右，讲座报告期间台上照度 500lx 左右，台下照度则在 100 ~ 200lx 之间。

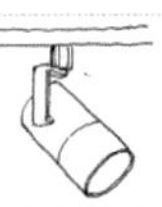
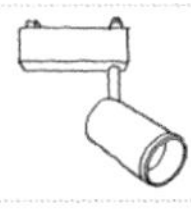

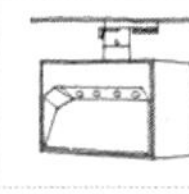
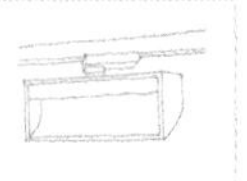

10.2 书店空间照明方式与手法

书店空间的构成，主要分为入口及收银的公共区域、图书及文创商品陈列区、阅读及轻餐饮区域、多功能活动区域（图10-5）。

作为吸引顾客和给顾客留下第一印象的首要位置，入口区域和结账柜台区域是非常重要的部分；其次图书及文创商品陈列展示是最大且形式最多，也是书店空间最核心的区域，大致可以分为立面开放书柜、平面（垛式）书籍展台及各种商品展示区等区域；阅读需要长时间的品味与放松，阅读及轻餐饮区域为读者们提供了休闲及阅读的空间；多功能活动区域则透过举办各类活动来为书店聚集人气。

10.2.1 公共区域

入口

入口个性化的视觉灯光更容易加强记忆，提高品牌辨识度。入口区域不仅仅指地面照度，同时需要关注左右玻璃橱窗及入口焦点展台的照明。

街边店入口可采用筒射灯提亮入口区域，并透过对室内的柱子或墙面等视觉立面的灯光强化达到吸引顾客眼球的作用（图10-6、图10-7）。

商场入口可透过对门头的灯光营造（图10-8）、增强入口可视区域照度（图10-9）及运用灯光强化橱窗效果（图10-10）来达到吸引顾客及展示书店特点的目的。

除上述做法外，可以根据空间特点运用个性化装饰灯，提升空间艺术感和识别

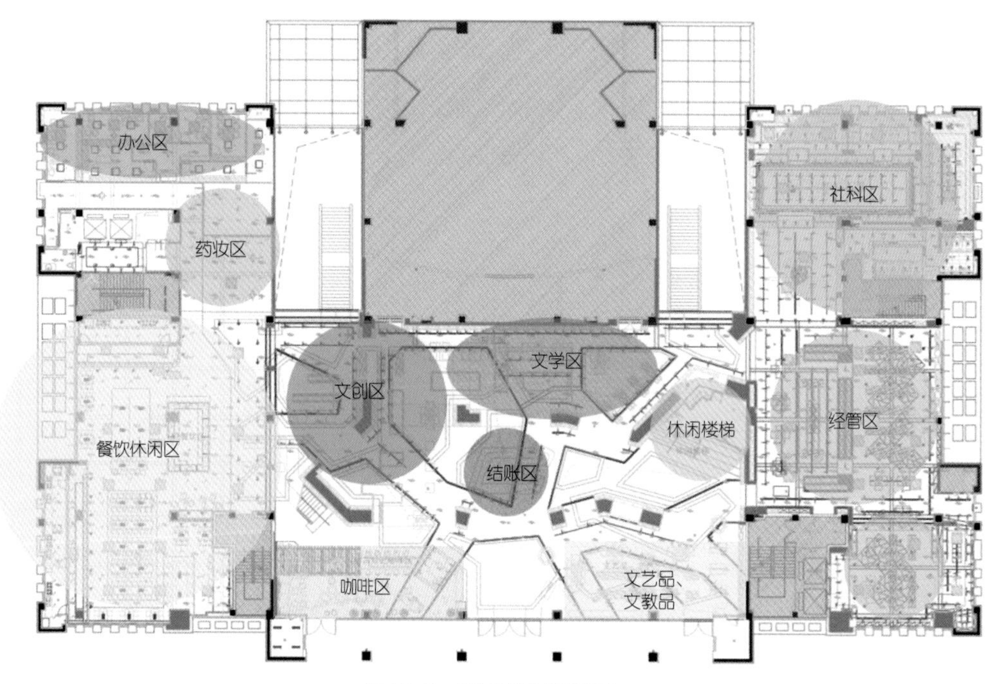

图10-5 书店功能分区示意图

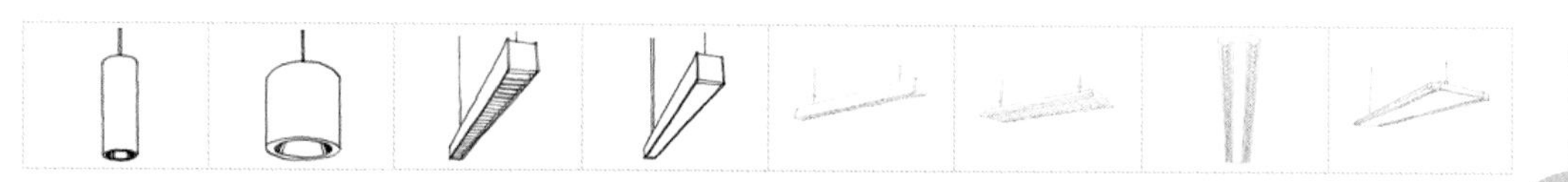

图 10-6 书店街边店入口

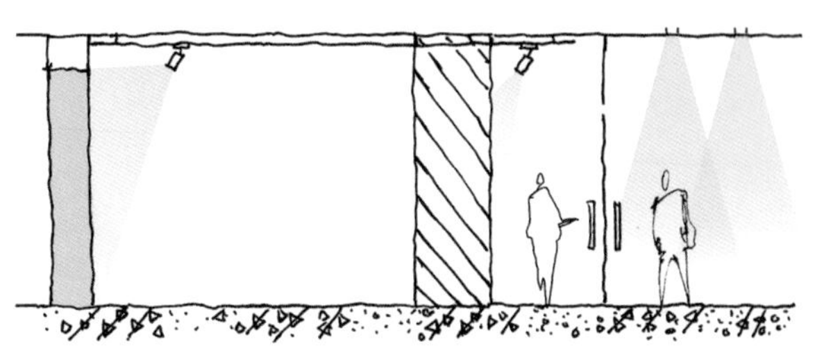

图 10-7 书店街边店入口灯光布局示意图

图 10-8 门头立面灯光强化入口

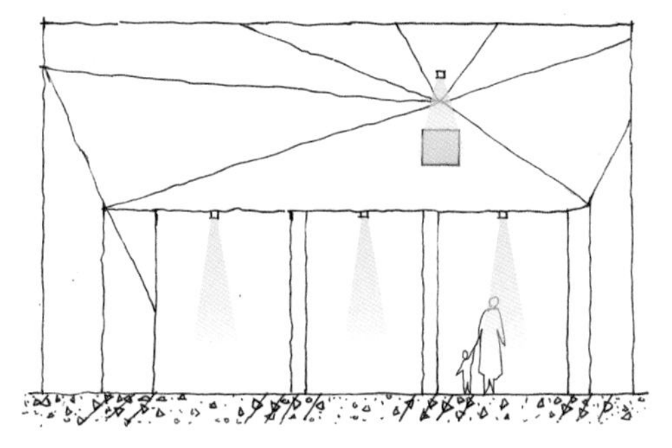

图 10-9 增强入口可视区域灯光

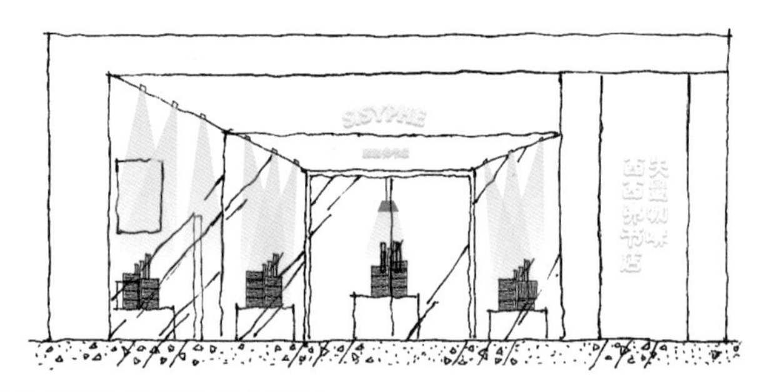

图 10-10 运用玻璃橱窗灯光强化橱窗可视度

度，来强化消费者的记忆。例如采用书籍相关的具象装饰照明装置，紧扣空间主题；通过装饰性的灯具造型设计与排列，打破了常规呆板的基础照明的布置方式等（图 10-11）。

     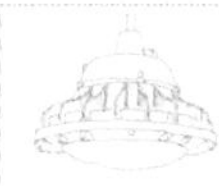 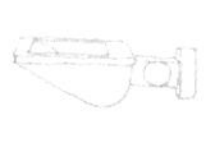 

图 10-11　搭配装饰灯具提升艺术感和识别度

结账柜台区

结账柜台应提高识别度，柜台工作面照明需要较高照度并注意眩光的控制。背景墙照明应结合背景墙设计风格采用不同做法，例如均匀洗墙、光斑洗墙及立面装饰灯等，柜台照明则可采用天花射灯提供重点照明，同时根据设计风格设置装饰吊灯、台灯等（图 10-12、图 10-13）。

图 10-12　收银台

10.2.2　图书及商品展示区

立面开放书柜

开放书柜陈列量大，书籍品类多，书店的书柜很大程度上也参与了空间的视觉设计，应满足展示及阅读的照明需求，立面照度建议 350 ~ 500lx 之间（图 10-14）。

图 10-14　开放柜区

开放书柜根据空间中的排布、书柜体量等要点来营造不同的视觉效果和满足使用功能。有些书柜照明的目的为营造整体氛围，不一定需要很高的均匀度，但是空间的视觉感很强；有些书柜立面照度均匀

桌面装饰照明+背景装饰线型光

环境照明+线型灯槽

环线照明+背景洗墙灯

图 10-13　收银台灯光布局示意图

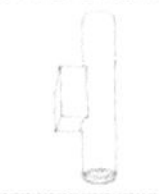
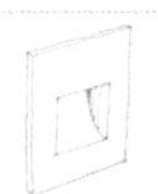

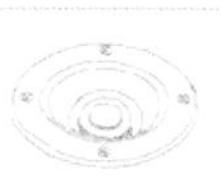

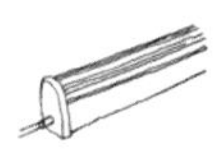
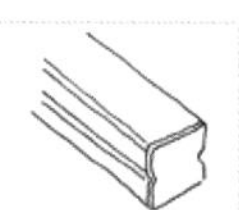

度很高，视觉连续感和冲击力也很强；还有一些超高书柜的照明更多是为了视觉上的需要。综合来看，开放书柜照明灯光手法有外打光、书柜内部照明及两者结合的三种方式，外打光以射灯、洗墙灯为主，而书柜内部照明则以隐藏的线型灯具为主。超高书柜是书店的视觉焦点之一，可采用外部双排灯具照亮。

（1）开放书柜外打光

结合空间风格及书架结构特点，采用书柜外部射灯或轨道射灯、洗墙灯等做法，灯具距离立面的水平距离 600 ~ 800mm，依据灯具安装高度和灯具的调节照射角度，保证书柜立面 800 ~ 1700mm 的视觉中心照度。这种照明手法能很好地烘托柔和闲适的空间气氛，不需要书柜所有展示立面都面面俱到（图 10–15、图 10–16）。

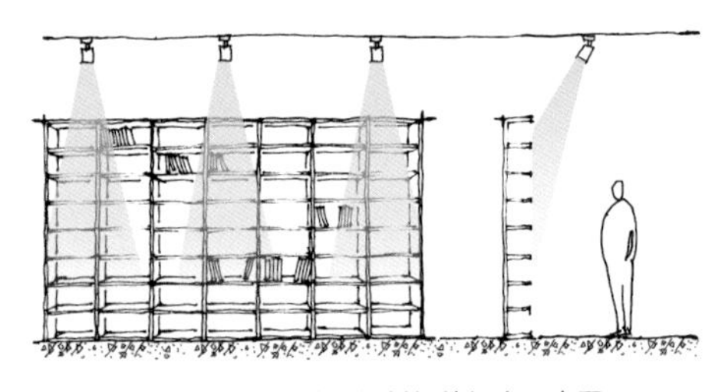

图 10–15　开放书柜射灯外打光示意图

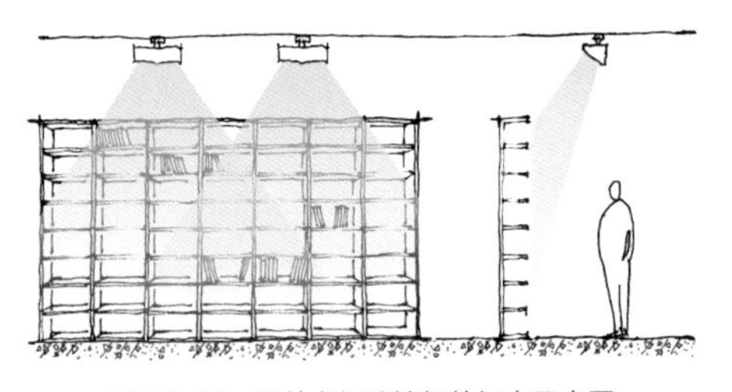

图 10–16　开放书柜洗墙灯外打光示意图

（2）开放书柜内部照明

线型灯具安装于书柜每层之内（图 10–17），这种做法需要书柜与灯具安装配合良好，书柜预留灯具安装空隙，也应避免 LED 灯具因过于贴近书籍，长时间散发的热量易使书籍纸张脆化。此做法的优点是视觉冲击力强，均匀度高。（图 10–18）。

图 10–17　自带灯光开放书柜

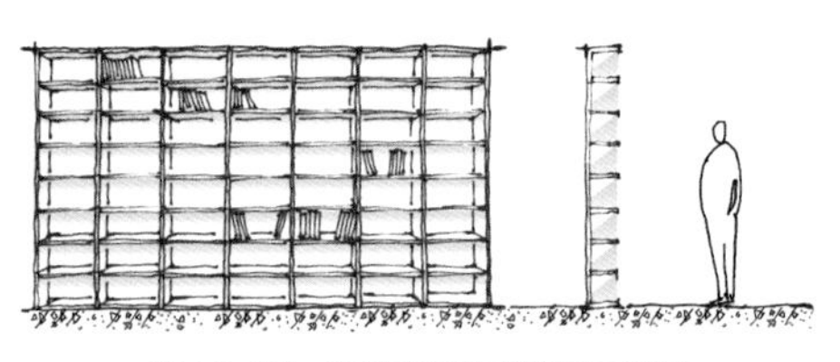

图 10–18　开放书柜自带灯光示意图

线型灯带在柜内顶部且安装于书籍前方，光效得到很好的利用，功能性更强，对灯槽设计要求也较高（图 10–19）；线型灯带设置在柜内底部且安装于书籍后方，灯光利用率相对较低，以强调装饰效果为主，此类书柜可搭配外打光射灯达到装饰与功能皆满足的效果（图 10–20 ~ 图 10–22）。

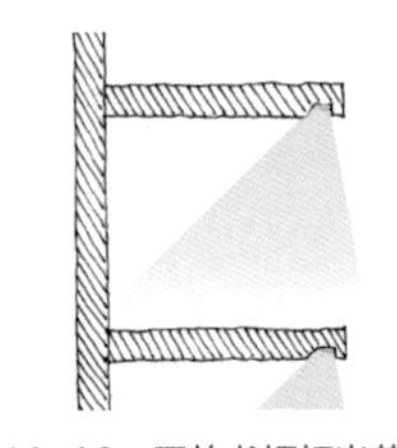

图 10–19　开放书柜灯光节点图

图 10–20　开放书柜内侧自带灯光效果

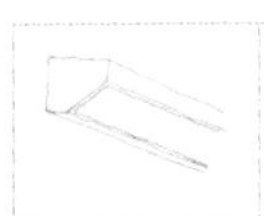
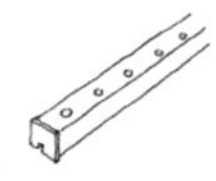

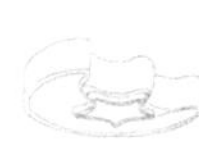
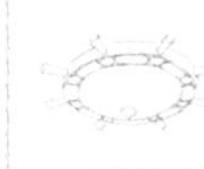

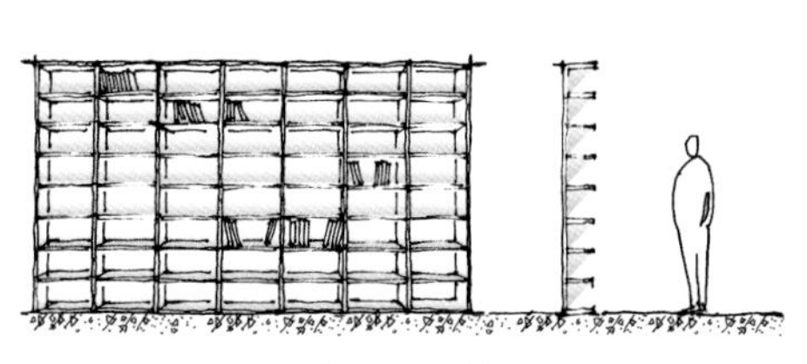

图 10-21　开放书柜内侧自带灯光示意图

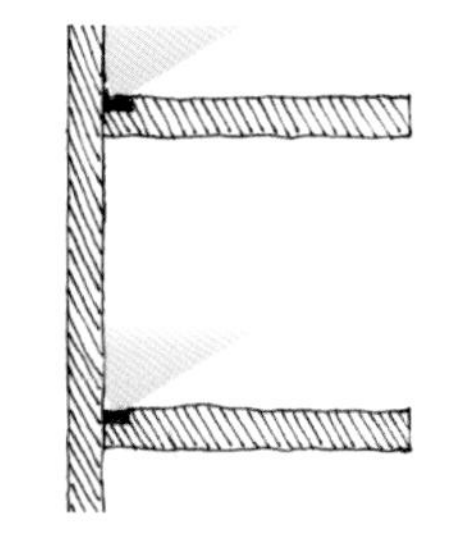

图 10-22　开放书柜灯光节点图

（3）开放书柜外打光与书柜内部照明结合

超高书柜体量庞大，在室内空间中极易成为视觉的中心，可采用外打光或内外灯光搭配方式。由于书柜较高，外打光应考虑灯光可以照射到的范围，建议采用双排灯具的做法，第一排使用洗墙灯具，第二排则采用射灯补充书柜下方位置（图 10–23）。

图 10-23　超高书柜

书柜内外光搭配的做法多针对灯带设置在书柜内侧的情况，在满足视觉效果外，利用射灯来补充书柜立面的照度（图 10–24）。

图 10-24　超高书柜内外打光示意图

除了上述双排灯具的布置方式，也可以在贴近书柜最高层的外部安装线型灯带并设置书柜外部射灯的做法，以减少灯具对书柜的干扰，可让书柜看起来更简洁干净（图 10–25）。上部线性灯带结构建议根据灯具与书柜距离及高度具有一定倾斜角度，有利于光线向下延展，建议灯带功率 10W/ 米。

图 10-25　书柜外打光示意图

中岛陈列台

中岛陈列台以水平陈列为主、立面陈列为辅的陈列形式来陈列书籍，与立面开放书柜视觉查阅方式不同但同等重要，既要满足陈列平面照明需求又要避免书籍的反射光过强，照度建议 350 ~ 500lx 之间，垂直照度在 200 ~ 250lx 之间。灯具选择可根据陈列书籍或商品与通道等非陈列空间环境的明暗节奏不同，选用筒灯、射灯、天棚发光膜及道具内部照明等多种形式。做法与开放书柜类似，以外打光及外打光结合书柜内部照明为主，少数书柜根据设计效果会采用书柜内部照明的形式。

中岛陈列台区域的基础照明与非陈列区域环境照明照度比在3 ∶ 1以内，中岛陈列台区域应考虑天花高度，搭配合适光束角的筒灯均匀打亮中岛区，与环境光协调一致，满足整体光环境的舒适均匀，也增强了中岛区的视觉效果（图10-26、图10-27）。

图10-26　中岛陈列台

图10-27　中岛陈列台外打光示意图

中岛陈列台的重点照明与非陈列区域环境照明照度比达到5 ∶ 1以上，强化中岛区的视觉效果，应考虑天花高度，使用合适的中窄光束角的射灯提供此区域的重点照明，强化了平面展示效果，同时也兼顾了中岛陈列台堆头的立面照明，此种做法应考虑灯具有较好的眩光控制能力（图10-28）。

图10-28　中岛陈列台强化灯光照度对比度

中岛陈列台顶部也可设置发光膜，光线均匀柔和，同时能最大化的强调中岛区的视觉感受（图10-29、图10-30）。发光膜应做到发光面均匀，发光膜内部结构应考虑灯具与发光膜表面的距离与灯具之间的间距分配合理（图10-31），避免形成不均匀的亮带。

图10-29　中岛陈列台发光膜做法效果

图10-30　中岛陈列台发光膜示意图

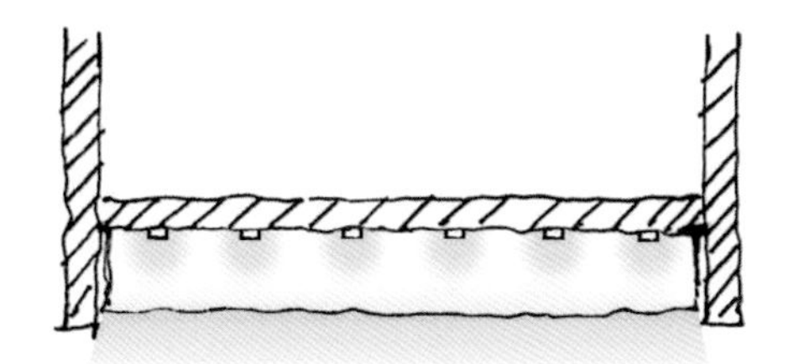
图 10-31 发光膜安装节点图

中岛陈列台道具与灯具结合在一起的个性化做法也是很好的方法，此做法与开放书柜类似，灯具距离陈列书籍距离较近，灯具功率较小而且更能有效的控制眩光（图 10-32、图 10-33）。在灯光照顾不到的部位则可增加外打光来补充（图 10-34、图 10-35）。

图 10-32 中岛陈列台结合灯具

图 10-33 中岛陈列台自带灯光示意图

图 10-34 中岛陈列台自带灯光及外打光效果

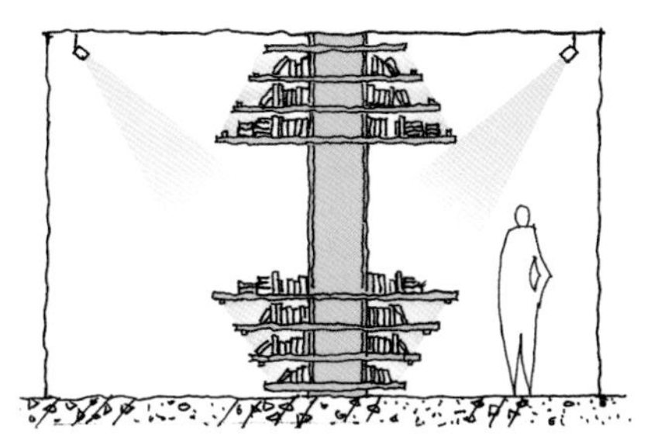
图 10-35 中岛陈列台结合灯具与外打光示意图

文创商品陈列柜或陈列台

文创商品如文创产品、教育教具、消费电子产品等，根据商品特点及特殊陈列方式，通常采用重点照明的方式。运用射灯、筒灯等不同的光束角度搭配，营造商业气氛。这个区域可采用相较温暖的色温，色温在 2700 ~ 3000K 之间，照度则为 100 ~ 500lx 之间。如教育教具及消费电子等商品陈列占比较大的时候，色温可考虑采用 3000 ~ 4000K，照度则可考虑在 350 ~ 500lx 之间，此类展品对均匀度要求较高。

文创展示区照明手法

窄角度射灯烘托气氛，适合用于文创产品、时尚生活用品等，照度比在 8 ：1 左右；教育教具类宽角度射灯营造商业气氛，促进销售，照度比在 5 ：1 左右；消费电子商品需要均匀舒适的光环境，避免眩光，筒灯或者超大角度的射灯适合该区域，照度比在 3 ：1 左右（图 10-36）。

文创产品、时尚生活用品照度比　8：1左右

教育教具类照度比　5：1左右

电子科技类照度比　3：1左右

图 10-36　文创商品陈列柜或陈列台灯光示意图

10.2.3　阅读及轻餐饮区

书店阅读及轻餐饮区是为读者提供阅读、交流、休息的地方。空间相对独立，应营造舒缓、舒适、放松的灯光氛围，同时应满足阅读、轻餐饮、交流、休息等多种行为的照明需求。

吧台

此区域包含了操作区、点餐区两部分，操作区除提供基础的照度外，应在天花设置射灯等重点照明，靠墙面操作区如有吊柜，则可在吊柜下设置线型灯具以满足餐饮制作所需的照度。此外，点餐牌应清晰可见，可设置射灯或者采用电子屏幕。未安装到顶的吊柜或点餐牌可在其后方设置线性间接照明，可有效地成为此区域的焦点同时也避免了暗区（图 10-37、图 10-38）。

图 10-37　吧台区

图 10-38　吧台区灯光布局示意图

阅读及轻餐饮座位区

灯光在此区域需要营造舒适、平和、安静的氛围，避免过强过亮的照明，同时满足低照度比。提供桌面均匀的照度并控制眩光以达到舒适的空间感受。除采用筒射灯等功能性灯具外，可根据不同空间风格选用装饰吊灯、台灯或落地灯，增加空间的视觉感受（图 10-39、图 10-40）。

图 10-39 阅读及轻食座位区

图 10-40 阅读及轻食座位区灯光布局示意图

10.2.4 多功能区域

近几年，书店内设置多功能厅的做法逐步增加。通常的活动有学术讲座、新书发布和签售、展览展示活动、团建活动及儿童娱乐等。灯光设计应考虑空间使用的灵活性与多变性，采用合适的灯光系统及控制设备，形成不同活动内容的不同灯光场景要求。

学术讲座、研讨会及新书发布和新书签售的场景。一般会有演讲区和座位区的划分，演讲区演讲者以及研讨嘉宾的正立面，应设置单独一组或多组搭配的重点照明，以利于观众区的听者清晰地观察演讲者及台上嘉宾的细微面部表情变化，同时也基本满足媒体拍照的需求。通常采用射灯或轨道射灯作为重点照明。演讲区背景墙如为投影或是 LED 屏幕则要避免灯光的直射背景而影响到投影效果。新书发布和新书签售场景。考虑媒体拍照、拍摄需求，可使作者签售区域和周围环境形成高照度比，营造烘托“明星”的场景气氛（图 10-41）。

图 10-41 多功能区用作演讲、教学活动空间

座位区以均匀的基础照明为主，多采用嵌入式或轨道式的筒射灯为主或者设置线型灯具，且应具备可调光功能，照度应避免超过演讲区。针对活动的时段可利用灯光控制设备设置进场模式、投影模式、互动讨论模式等不同需要的灯光场景。

临时性的展览展示活动空间布置灵活多变，主要利用墙面及空间中搭建的临时墙面及展台为主体，一套完整且灵活的灯光系统格外重要，建议采用轨道系统，能满足几乎所有类型的展览活动（图 10-42）。

图 10-42　多功能区用作展览活动空间

团建活动及儿童娱乐场景，应根据需要来操控灯光系统，达到所需的氛围，一般多以均匀柔和的光环境为主。

多功能空间以平面及天花造型将空间区分成了讲台区及临时座位区。临时座位区以轨道系统及线型灯具为主，演讲区则以嵌入式可调射灯为主。灯光系统预设了讲座模式、展览模式、冷餐模式及读书交流模式等不同使用功能模式（图 10-43 ~ 图 10-46）。

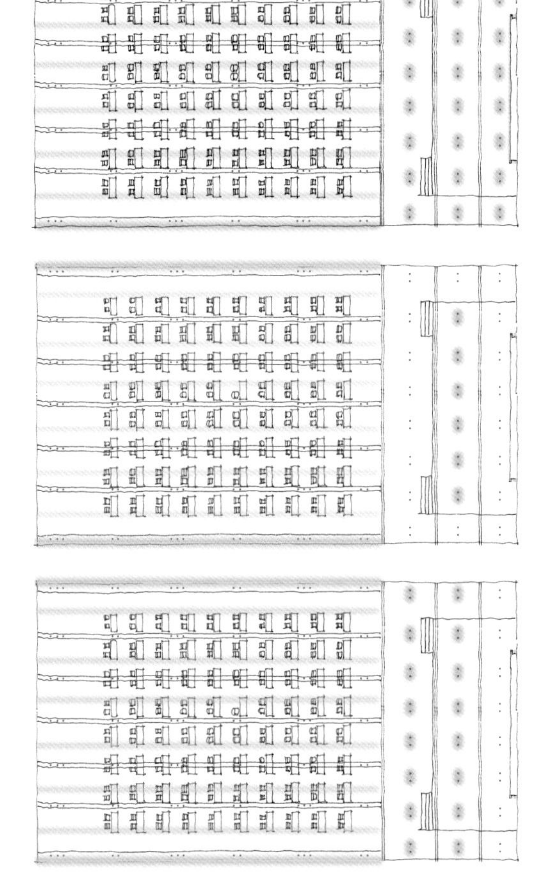

图 10-43　讲座模式包含入场、电视屏汇报、投影演讲等不同模式

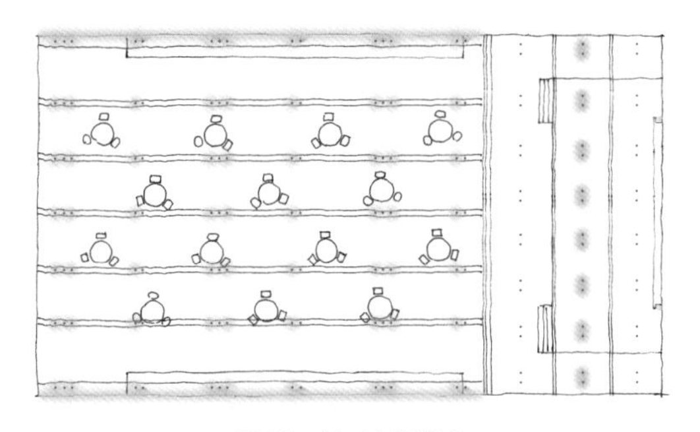

图 10-44　冷餐模式

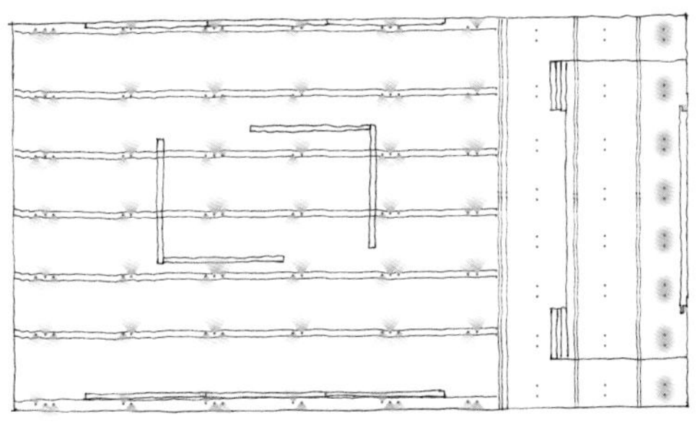

图 10-45　展览模式

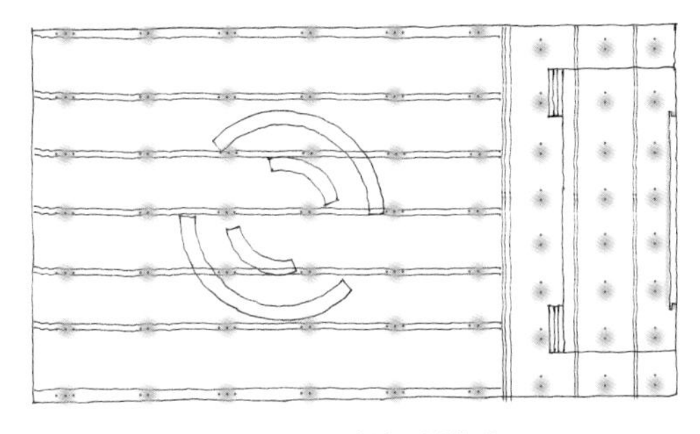

图 10-46　交流研讨模式

10.2.5　常用灯具

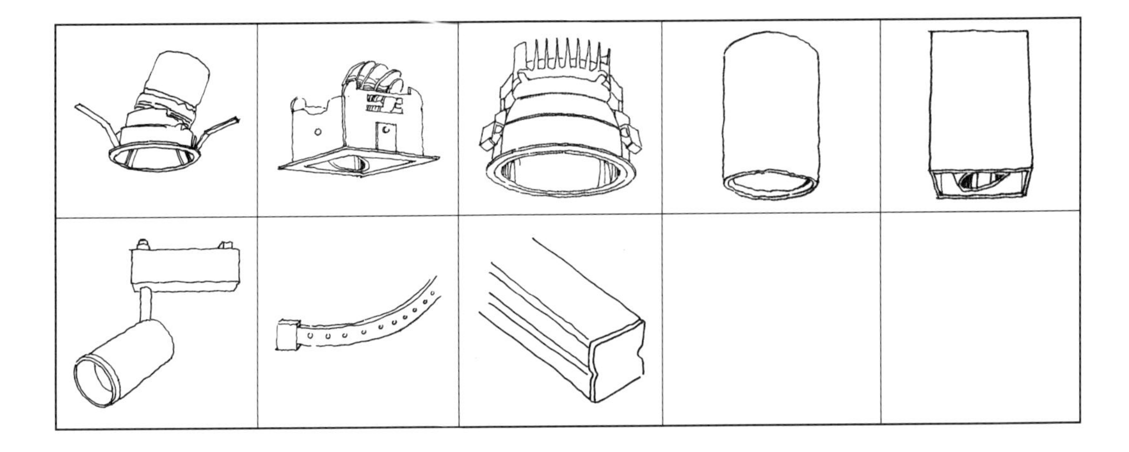

10.3　案例分析

10.3.1　安徽铜陵图书馆新华书店

新华书店是国内传统书店转型的第一批引领者之一，其中安徽铜陵图书馆内的新华书店集书店、美学生活、咖啡、展览空间与服饰时尚等混业经营为一体，照明功能分布：读书、休闲、商业、展示、办公等空间，照明方式采用重点照明、一般照明、局部照明、混合照明等多种手法，最终达到营造良好阅读和商业气氛，正确传达图书信息，激发消费者的购买和阅读欲望，促进商品的销售，展示书店空间魅力的目的。

中庭挑空区域

中庭区域空间结构特点明显，多层展示廊桥结构设置于不同高度的空间中，上下空间层次丰富，书架既有分层书架，又有贯穿整个空间的超高层书架。如何利用现有空间结构满足不同区域的陈列照明，且不同的层高又要达到相对统一和谐的照明层次，是最大的难点。

灯光运用不同的照明方式解决使用上的需求，同时也满足了统一与协调性。

1. 中功率中角度射灯外打光，解决分层书架照明；

2. 小功率射灯解决二楼廊下基础照明；

3. 大功率轨道射灯通过拉伸镜片解决顶部横向超长书架照明；

4. 大功率窄角度射灯保证灯光可以照顾到超高书架的下部；

5. 书店后部廊桥分布复杂，顾客活动范围大，天花视线很重要，因此使用小体积筒灯解决基础照明，避免天花灯具视觉干扰；

6. 书店空间构成相对简单，使用较大体积的大功率工矿灯，解决空间基础照明，营造一定的工业风格，契合室内空间风格。

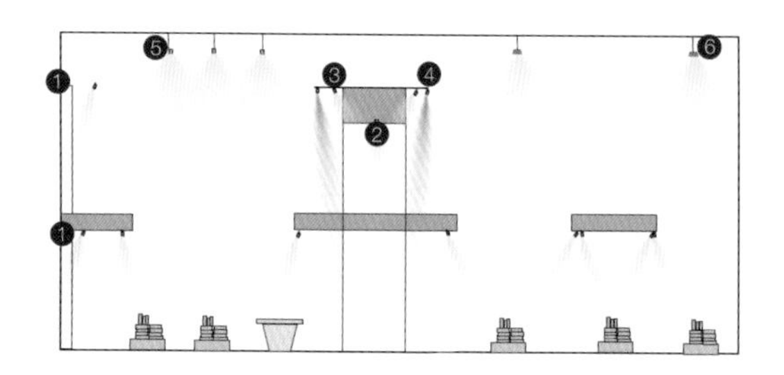

中庭区收银台

收银台处于整个中庭的中心位置且在大门口的中轴线上，已然成为视觉焦点，不需要过多的照明强调，满足基本照明即可。收银台正上方基本为挑空空间，使用轨道灯具布置于廊桥底部照亮台面，收银台立面为黑色，后期调光的时候适当地使灯光可以溢散到前方地面，稍作加强。

主楼梯

主楼梯左侧为主要通道，右侧楼梯兼有坐读的功能，整个区域灯光主要分布在左右两侧书架，中场由少量灯光补充基础照明。此处并非严格意义的学习阅读空间，灯光以营造氛围为主。因此，以轨道射灯作为主照明，将两侧书柜打亮，呈现出楼梯的氛围，一部分则提供楼梯基础照明，满足行走及安全的要求。

生活、社会科学、经营管理书籍区域

该区域空间色系为黑灰色，如何打破空间的沉闷成为重中之重，本空间的作法是提高立面照明均匀度，展示立面与客流动线地面照度比加大，整体视觉亮度将会大大提高，保证顾客立面选取和阅读的需求，透过降低客流动线照度，以及落地灯和吊灯的设置，提升了空间的氛围感。

前场

后场

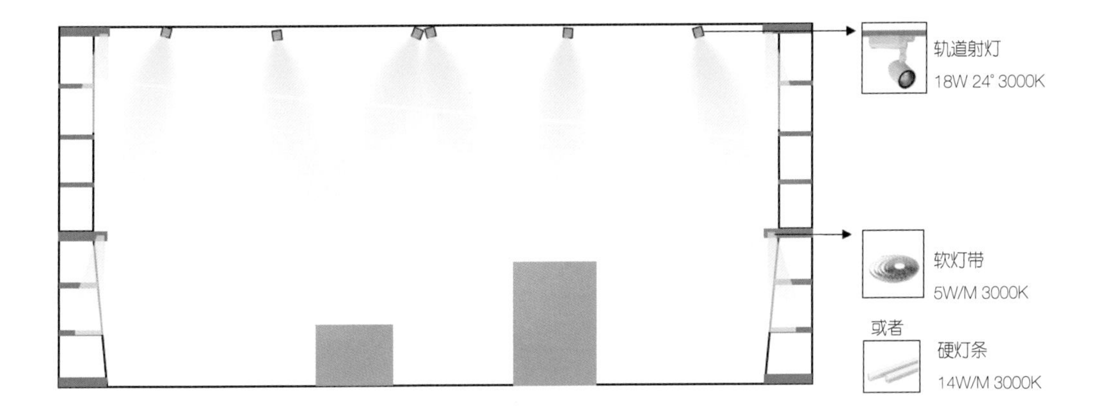

旅游书籍区域

旅游书籍区域两侧有较多的落地玻璃窗，白天日光充足，较矮的中岛立柜已有局部照明，弱化了灯光的节奏感，用筒灯结合日光营造相对自然的光线。但在灯位布置上需要结合天花造型及地面过道位置，采用错位式的布置手法。

轻餐饮区域

轻餐饮吧台处于休闲空间的中心位置，结合原有围合型的餐吧台，上方吊顶针对性地布置了小射灯加强台面照明，点餐牌紧邻上方回型顶内侧，灯具下照的同时已经兼顾餐牌照明，无需额外布置灯具，吧台下方设置层板照明和底部的低位照明强化了视觉感受。

11

娱乐空间

11.1 娱乐空间概述

11.1.1 娱乐空间界定

11.1.2 娱乐空间照明意义与目的

11.1.3 娱乐空间照明要点

11.1.4 娱乐空间照度、色温需求概述

11.2 娱乐空间照明方式与手法

11.2.1 KTV

11.2.2 酒吧

11.2.3 电影院

11.2.4 常用灯具

11.3.1 F Party KTV

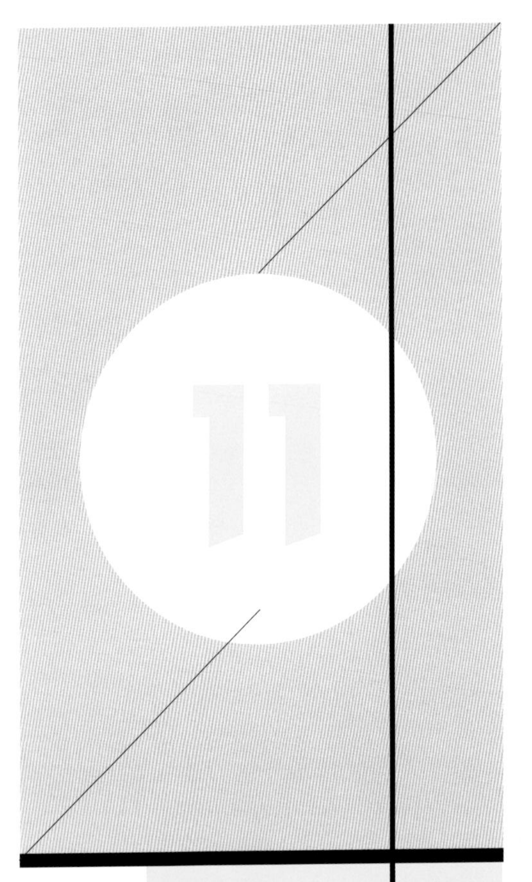

娱乐空间

11.1 娱乐空间概述

11.1.1 娱乐空间界定

随着人们生活水平及物质条件的不断提高，精神生活需求也越来越多，差异化也越来越明显。从原有歌舞厅、卡拉OK厅、棋牌室、台球厅、电子游艺厅等演变成更多的细分类别，现在主流的娱乐空间主要有电影院、KTV、酒吧、电竞及私人俱乐部等。

而再更细分的话，KTV还可以分为商务KTV、Party派对KTV、量贩KTV等类型；酒吧则可细分更多选项，例如EDM电音酒吧、演艺吧、音乐餐吧、Lounge Bar、个性类轻音乐酒吧、啤酒精酿吧、红酒雪茄吧等不同类型（图11-1）。

Party 派对KTV

量贩KTV

EDM电音酒吧

Lounge Bar

啤酒吧

个性类轻音乐酒吧

图11-1 各类型娱乐空间

    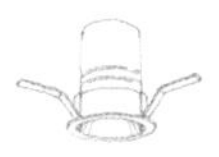 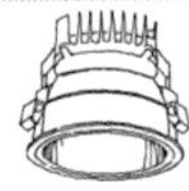 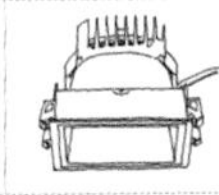 

11.1.2 娱乐空间照明意义与目的

突出装修风格；
塑造空间氛围；
增强视觉感受；
调节顾客情绪。

11.1.3 娱乐空间照明要点

娱乐空间主要作为放松心情以及释放情绪的场所，空间多以不同的装修风格和设计元素来塑造空间个性及强化视觉感受。大部分营业时间以夜间为主，因此灯光在娱乐空间中扮演了非常重要的角色。可以将室内设计所要表达的理念放大并淋漓尽致地表达出来。

灯光设计应首要考虑与室内设计的主题相结合，提供低照度或色彩灯光作为空间的基础灯光和背景氛围营造，另外再以重点照明强调室内装饰造型、艺术品等要素及装饰灯具的，以达到装饰与氛围营造的作用。

另外在空间设计风格的基础上，采用灯光控制设备及灯具产品，结合重点照明，配合基础照明和舞美照明，达到不同场景的气氛营造，同时能灵活提供不同营业时段所需的功能需求。

KTV 应注意通道等公共区域与包间等私人区域的灯光区分；而酒吧则除了整体空间氛围的营造外，可多将重点放在舞台等演艺区域的氛围强化与塑造，一般的酒吧吧台区域可成为很好的视觉焦点；电影院则可在动线通道上以灯光强化视觉感受，而观影厅则应更多考虑安全性问题，满足进场、观影及退场等时段需要。

11.1.4 娱乐空间照度、色温需求概述

KTV 根据装修风格不同，空间色温相对较广，但一般以 2700 ~ 3000K 为主，空间有特殊需求时则可不受此处色温限制，也可根据需要搭配色彩灯光，增加所需的空间氛围。

酒吧空间以放松及抒发心情为主，整体空间以暖色调为主，色温为 2700 ~ 3000K。同时搭配色彩等舞美灯光营造所需的氛围。

电影院同样以暖色调为主，色温为 2700 ~ 3000K。但通道区域同样根据设计需求不受此限制。

娱乐空间照度一般较低，才能更好的发挥舞美和装饰性灯光的特点，一般环境地面照度在 150lx 左右，部分需重点强调区域如门厅地面可提高照度到 200lx，而操作台面则可将照度提到 400lx。

11.2 娱乐空间照明方式与手法

KTV 根据使用功能，品牌管理及空间观感体验可将空间分为门厅接待休息区、包厢、公共通道、公共卫生间；酒吧则可将空间分为门厅接待休息区、寄存区、潮品店合影区、酒吧演艺大厅、安检及通道区与公共通道、公共卫生间及休息区、包厢等。

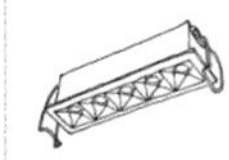

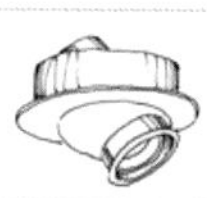

11.2.1 KTV

门厅接待休息区

此区域一般是用来接待或者供大家休息的地方。在装修设计的时候其材质色彩一般以栗色和褐色为主，应注意灯光色温的选择，以暖光为主。门厅接待休息区通常设有装饰照明，周围设置艺术装饰品及配套的重点照明，不过整体灯光不宜过于奢华且灯光装饰也不建议采用各种色彩。柜台里的台面一般比服务台面低，工作台应另设台灯或提供重点照明，以便服务员办理登记结账用（图 11-2）。

图 11-2 门厅接待休息区

包厢

包厢是个独立的也相对私密的空间，主要提供顾客放松和尽情发泄情绪的地方，照明必须要让人一进来就能感受到空间想要营造出的光环境氛围。包厢的灯光通常可以分为环境灯光、装饰灯光、演艺灯光等类型，可采用天花间接灯槽、椅背间接灯带或由装饰壁灯、吊灯提供所需的环境光及装饰灯光。在此基础上再搭配图案、色彩变化等动态变换灯具或光纤灯来提供演艺时所需的灯光来烘托氛围。

包厢的灯光应能进行自动及手动干预的场景变换，塑造明亮、柔和、动感等不同场景模式（图 11-3 ~ 图 11-5），灯光控制面板可设置在墙面或与点歌系统结合。

图 11-3 包厢明亮模式

图 11-4 包厢柔和模式

图 11-5 包厢动感模式

公共通道及公共卫生间

公共通道为门厅的延续，是通往各个包间及其他服务空间的区域，灯光从门厅进入此区域后应产生强烈的带入感，营造出热烈动感的环境氛围。可采用射灯形成空间的韵律感，并搭配线型灯具塑造直观的线条感，也可以使用线性间接灯光营造出背景环境光同时产生视觉引导效果。利用射灯的重点照明搭配线型灯具的背景光，形成空间所需要的明暗效果，可将空

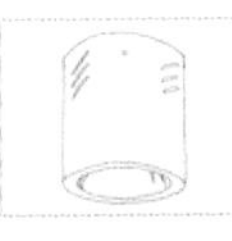

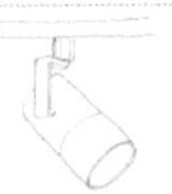

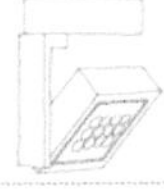
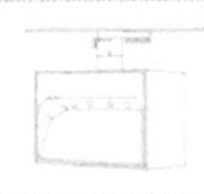
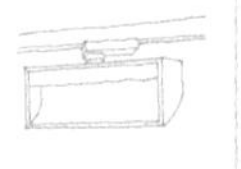

间层次拉开并增加立体效果。不同风格的通道空间也可采用装饰灯具作为环境光与视觉焦点，再搭配重点照明提升空间层次。（图 11–6、图 11–7）。

图 11–6 公共通道

图 11–7 公共通道灯光氛围

公共卫生间作为一个转换的空间，灯光应让人一进来就能放松下心情营造出温馨而亲切的环境氛围（图 11–8）。

图 11–8 卫生间灯光氛围

11.2.2 酒吧

门厅接待休息区、寄存区

酒吧门厅接待休息区的照明必须要让人一进来就能感到愉悦，热烈中要营造出动感时尚的环境氛围（图 11–9）。

图 11–9 门厅接待

酒吧的营业时间以晚上为主，灯光可在营业时段的不同区间设置不同灯光氛围，如主营业时段的动感灯光及深夜营业时段的浪漫灯光。

门厅接待休息区照度不宜太高，保证其使用功能的私密性，同时应注重与周围环境的融合，间接灯光以及配合休息区家具所营造的舒适灯光尤为适合，能够为疲惫的顾客提供一个放松身心的小天地。空间中宜有装饰照明，并搭配射灯提供环境及艺术装饰品的重点照明。

寄存区则是以功能性为主的区域，应提供基础照明方便顾客存取背包之类的物品。

潮品店合影区

潮品店合影区照明应让人一进来就能感受到热烈、时尚的环境氛围。因结合酒吧整体的室内设计风格，突出潮品店时尚潮流的配置，使顾客有眼前一亮的感觉。

灯光应强化潮品店合影区的功能特点，提供基础的购物、浏览需求，而合影区则应根据合影场景设置，搭配合适的灯光，除基础的功能性灯具外，也可搭配舞台灯具提供更戏剧化的效果（图 11–10）。

同样的，潮品店合影区也应根据酒吧经营的时间段，对灯光进行自动的场景转换。

图 11–10　酒吧潮品店

演艺大厅

酒吧演艺大厅照明通常是最热闹也最让人一进来就能激动的地方，要营造出时尚、动感、热烈的环境氛围（图 11–11）。

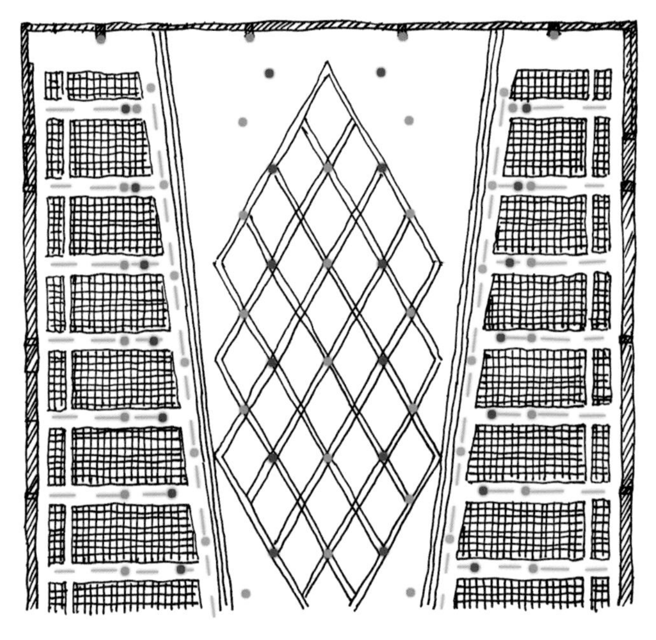

图例	产品名称
	六轴摇头激光
	西墙点阵二合一
	5×5矩阵染色灯
	气柱烟机
	调焦摇头染色灯
	2R光束灯
	230光束灯
	5R巫师灯
	幻影灯
	Q14黄金点阵灯
	8W全彩激光灯
	5头矩阵灯

图 11–11　演艺大厅灯光点位布置图

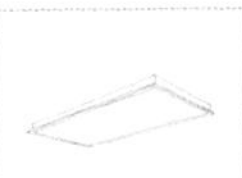

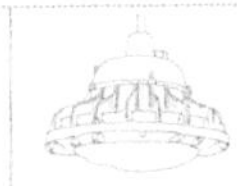
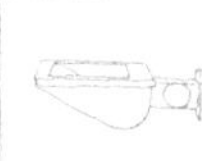

演艺大厅除考虑室内设计风格外，应根据不同音乐类型及营业性质或时间段，设置不同照明氛围和模式。可在入夜后进场人较少时提供柔和的灯光模式，在主营业时段提供热烈、动感的模式，而在深夜则可慢慢的安静下来，提供较温和的浪漫模式（图 11-12 ~ 图 11-14）。

图 11-12　演艺大厅柔和模式

图 11-13　演艺大厅动感模式

图 11-14　演艺大厅深夜浪漫模式

此空间应考虑灯光的多功能性原则，应根据舞台演艺的节目演出内容，搭配控制系统并与舞台灯光协调一致，烘托整场氛围，并结合舞台灯光、LED 屏等不同照明方式。可阶段性关闭或调暗基础照明，凸显舞美氛围。

安检及通道区、公共通道、公共卫生间及休息区

要强化酒吧安检及通道区与公区通道的功能特点，提供基础的安检、引流、疏散等照明需要。

安检及通道区、公区通道、公共卫生间及休息区一般设置装饰性照明，吊顶以装饰性灯具为主，另以射灯、壁灯及线型灯带等作为辅助，以满足视觉及功能照明需求，但照度不宜过高，应注重与周围环境的融合，保证其使用功能的私密性（图 11-15 ~ 图 11-17）。

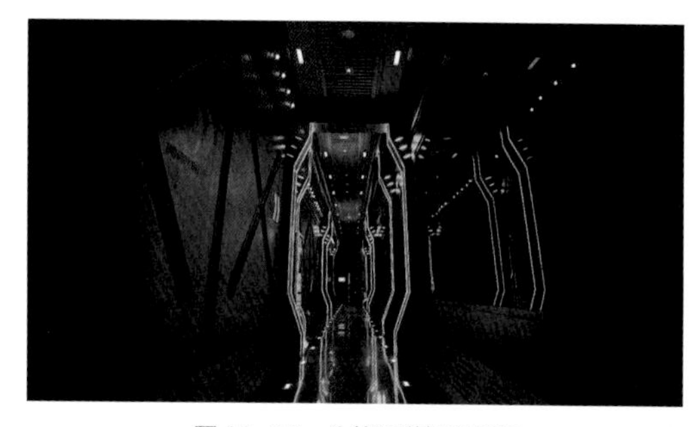

图 11-15　公共通道灯光氛围

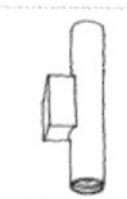
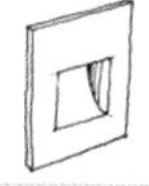
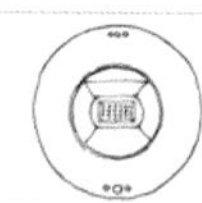
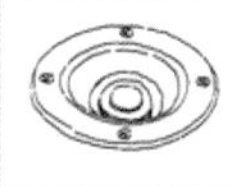
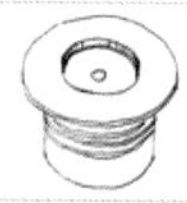

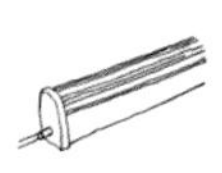
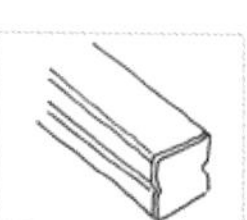

图 11-16　公共卫生间灯光氛围

图 11-17　休息区灯光氛围

酒吧包厢

酒吧包厢与 KTV 包厢功能基本类似，但在照度上要略低于 KTV 包厢，且在装修风格上有些微不同，整体灯光应能满足基础接待、交流、K 歌、蹦迪和就餐等需求（图 11-18）。

酒吧包厢区域一般以装饰照明为主，强调空间的装饰氛围，灯光可根据空间主题，利用室内装饰元素，巧妙地与墙面、天花等材料或造型结合，并搭配装饰性灯具及利用重点照明强调艺术陈列品，以高对比度形成更强烈的视觉冲击性。

除此之外，工作台应设有基础灯光满足服务员清洗酒杯等使用。另外，应有基础灯光提供不营业时的清洁需要。

包厢的灯光同样应有不同的场景变化，满足不同的使用需求。

图 11-18　酒吧包厢不同空间氛围及场景

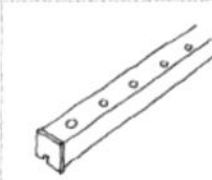

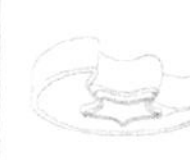
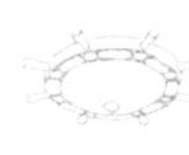

11.2.3 电影院

电影院是人们经常光顾的场所，一般位于购物中心或大型商场里面，除了很少部分靠窗的休息区外，原则为不透光的室内空间，主要包括门厅、内部公区、放映厅等对外服务区域。

门厅

门厅属于过渡空间，却也是电影院最重要的对外空间，它既是电影院的入口，也是等候开场的休息区域，同时也是电影院市场推广宣传的重要区域。门厅所属功能区域有海报区、售卖区、取票区及休息区，且互有重叠。

门厅灯光应具有吸引性，营造出明亮通透的效果，塑造标识感，并根据每个区域特点和不同展示方式布置突出品牌元素和室内设计特色，吸引人流量（图 11-19、图 11-20）。

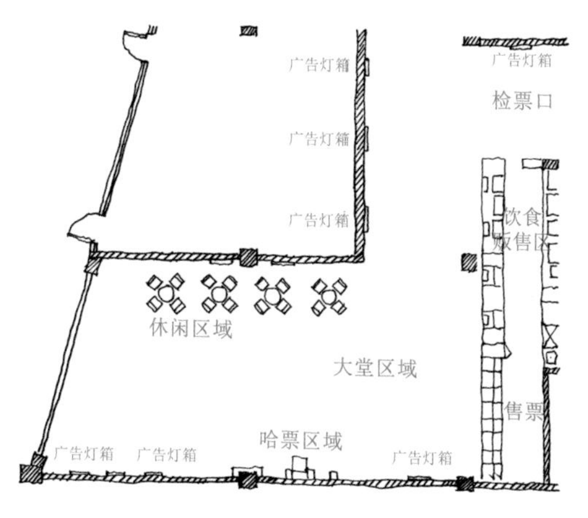

图 11-19 电影院门厅空间布局

图 11-20 电影院门厅

海报区通常位于通往门厅的楼梯、通道或门厅内墙面，一般海报以灯箱形式展现，因此主要满足环境基础照明为主（图 11-21）。

图 11-21 立体海报展示

售卖区主要作为食品或电影相关物品贩售，应满足收银员及其他服务人员的操作基础照明，照度为 400lx 左右。另外应重视形象标识或者 Logo 的塑造（图 11-22）。手办模型等商品陈列需考虑环境照明与重点照明的关系，照度比在 1 ∶ 3 为宜，也可根据需要在展柜内设置展柜独立灯光，提供展品重点照明。

图 11-22 贩售区

取票区

除柜台人工贩售电影票外，现在多有独立的自助贩售或取票机器及区域。灯光与门厅其他区域地面照度一致，主要提供环境基础照明即可，但由于机台主要采用显示屏，因此环境照明应注意照射角度，避免荧屏产生眩光（图 11–23）。

图 11-23 取票区

图 11-24 通道与分厅号牌

内部公区

内部公区主要有过道、分厅入口及卫生间三个部分。过道作为串连各个影厅的区域，越来越多的电影院利用此区域创造出不一样的视觉体验。过道除了满足基础照度外，应结合室内设计元素，将灯光效果融入空间之中，创造一个有意思的通行体验，可采用筒射灯对于过道、交通节点及分厅入口提供重点照明。整体空间地面平均照度可在 150lx 左右。

分厅入口一般都有醒目的分厅号牌，灯光应结合此部分创造高辨识度及有趣的号牌，可采用表面发光、背发光或是采用投影等多种形式来呈现（图 11–24）。

卫生间不一定只满足照度要求，也可为卫生间设置主题，创造出不同的如厕体验（图 11–25）。除台面照度应高于地面外，建设于镜子周边设置垂直照明，满足整理仪容的使用功能。

图 11-25 卫生间灯光场景化呈现

放映厅

放映厅主要作为放映影片使用，根据使用时段，可分为观影、候影及清洁等活动。顶棚基础照明应能根据不同时段需求，调整灯光明暗，调光应采用无极调光，也就是灯光能顺畅的由亮变暗或由暗变亮，以满足放映开始和结束时的需求，不可直接开启和关闭灯具造成观影者眼睛的瞬间不适应。

放映厅由于主要时间以放映为主，因此空间装饰相对简单，可利用墙面设置装饰照明或采用装饰壁灯，增加空间的趣味性（图 11-26）。

另外，应在阶梯设置指引灯光，以起到引导功能同时避免行走上的安全疑虑，详见第十四章（图 14-22）。

图 11-26　放映厅

11.2.4　常用灯具

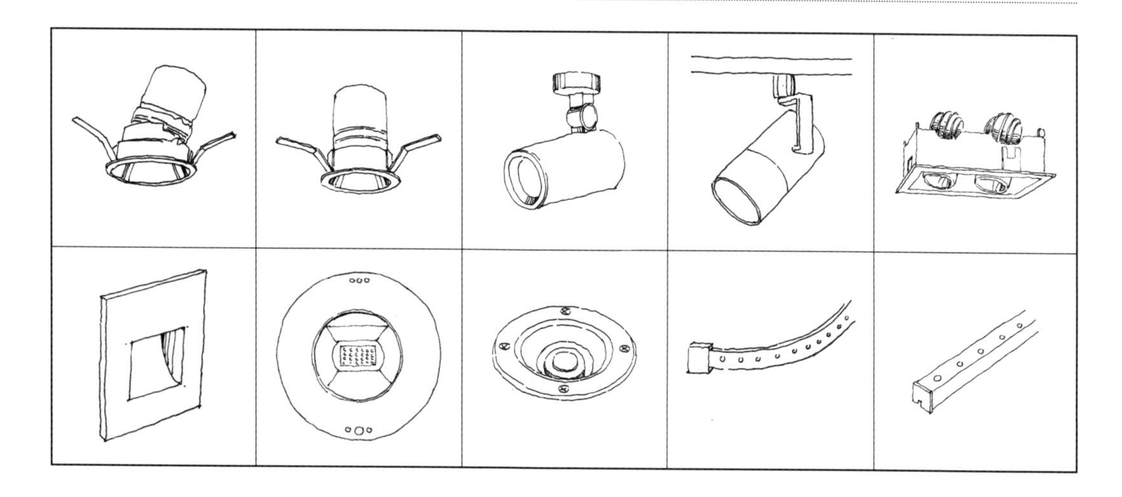

11.3 案例分析

11.3.1 F Party KTV

外立面是人们对一个空间的第一印象，酒吧是什么风格和主题可以从门面上一目了然。设计的关键是提高消费者进来的兴趣，创造一个引人注目的亮点。因此，在酒吧设计中，外立面是一个重要而相对特殊的部分。

外立面装饰设计上追求个性、夸张的造型，灯光以 LED 射灯、灯带等，其中 LED 灯配备了 Madrix 数码控制和 R.G.B. 七彩数码控制，提供了多变的色彩变化、动态变化等效果。另有 LED 显示屏作为外立面主造型，配合点光、线光的组合，达到醒目、另类的氛围。

F Party KTV 的接待前厅主要用来接待、引导消费者进入大厅。设计以现代、简约和科幻为主题，通过线型灯具凸显空间感，黑色系材质的墙面、地面以及星空顶面很好的实现科幻风格。

接待前厅

走道

走道常常让人觉得狭长，单调有些局促。如何增加行进之中的乐趣。又能很好的连接不同空间，这是本项目照明设计所要达到的目的。

走道延续整体黑色系的风格，冷白光色作为空间主调，透过墙面冲孔板背透光

形成了隐约的图腾语汇不断的在空间中重复着，让墙面诉说着自己的故事，不再漆黑不可见；不连续的环状线性灯光也依循着一定的规律在这狭长的走道空间中律动着，实现了原先设定的科幻风格；暖色壁灯的使用则使得这科幻冰冷的空间带有一丝暖意与趣味。

走道

KTV 包厢作为 KTV 当中绝对私密的专属空间。顾客可在此一小小天地尽情释放自己的情绪放声高歌，热情舞动，进行一系列的娱乐活动以达到放松、愉悦的效果。因此灯光根据不同包厢设计风格，塑造出温馨高贵、冷峻科幻等不同风格的灯光氛围。

包厢利用天花造型灯具，形成了空间的视觉焦点，同时提供了包厢的环境灯光，桌面装饰台灯烘托着墙角氛围。墙面不同的材质及造型透过嵌入式射灯被强调了出来。主体光、辅助光和背景光三者相互搭配形成了整个包厢的完整氛围。除此之外，灯光场景的设置，让整晚的活动过程中呈现出明亮、动感、抒情等多种不同的灯光模式，使得包厢空间功能更加多样化也更加丰富了。

明亮模式

动感模式

抒情模式

12

购物中心空间

12.1 购物中心空间概述

12.1.1 购物中心空间界定

12.1.2 购物中心空间照明意义与目的

12.1.3 购物中心空间照明要点

12.1.4 购物中心空间照度、色温需求概述

12.2 购物中心空间照明方式与手法

12.2.1 主入口

12.2.2 中庭

12.2.3 垂直空间

12.2.4 公共连廊

12.2.5 附属空间

12.2.6 常用灯具

12.3 案例分析

12.3.1 海花岛购物中心

12.3.2 西单大悦城 – 玫瑰园

购物中心空间

12.1 购物中心空间概述

12.1.1 购物中心空间界定

购物中心是 20 世纪 50 年代以来在西方国家兴起的一种商业组织形式。它一般由投资者根据实际需要，在统一规划、设计的基础上兴建，然后招商租赁所有承租的商店共同使用公共设施，也分担公共支出，彼此既互相联系，又相互竞争。业态不同的商店群和功能各异的文化、娱乐、金融、服务、会展等设施以一种全新的方式有计划地聚集在一起，向消费者提供综合性服务。

中端购物中心

包括百货、大卖场及部分品牌商铺，目标消费者为大众消费群或细分市场，购物行为趋于功能性采购，随机消费模式。商场提供以购物为主，含有部分餐饮娱乐成分的常规业态，封闭性独立建筑体，一般内含单个中庭（图 12-1）。

图 12-1　深圳龙华粤商中心

中高端购物中心

百货店、大型综合超市、各种专业店、专卖店、饮食店、杂品店以及娱乐服务设施等，满足顾客对时尚商品的多样化选择需求。目标消费者为中高端消费群，典型的建筑设计风格和室内装饰，拥有强大的客流承载能力（图 12-2）。

图 12-2　上海环贸 iapm 商场

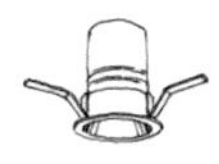
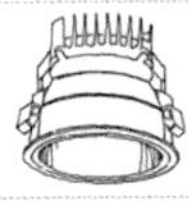
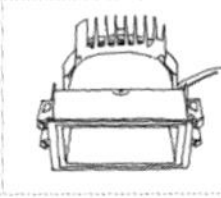

高端购物中心

超级地区购物中心，提供以购物为主、含餐饮娱乐休闲成分的一站式消费中心，其主力店非常具有客流吸引力，国内外大牌、奢侈品牌云集，目标消费者为中高端消费群，建筑形态以多层的封闭式购物中心为主，有多个中庭和出入口，拥有一套完整的生态系统，其本身也经常成为都市的地标性建筑（图 12-3）。

图 12-3 东京 GINZA · SIX 百货公司

12.1.2 购物中心空间照明意义与目的

营造商业氛围；
树立商场品牌形象；
刺激顾客消费；
提升购物舒适度。

12.1.3 购物中心空间照明要点

购物中心照明设计应根据商场本身的室内设计风格、管理品牌层次、气氛特色及空间观感体验要求进行分析与研究，充分了解空间的风格特点，并提取其特色元素融入设计中，树立商场的品牌形象。另外，考虑商场的档次、针对的人群消费、造价、质量目标对各功能分区进行定位，营造适合的商业氛围。

购物中心的室内空间灯光对购物环境的影响极大，适宜的光线不仅可以对消费者的购买行为起到一定的引导作用，还能形成购物场所中愉悦的购物气氛，引起消费者的购买欲望；暗淡的室内光线，会使购物中心整体显得沉闷压抑，带给消费者消极情绪；反之若是室内光线太强，消费者的视觉冲击过大，会感觉到不适，因此适宜的照明在购物空间场所是不可或缺的一部分。

入口是消费者进入一家商场购物要通过的第一道“关卡”，它给消费者的第一印象决定了在其心中的档次和定位。入口区域的基础照明相对于其他区域亮度要更高一些，以起到具有引导性、趣味性，指引人流动向及提升空间的聚客力等功能。

中庭最大的特点是形成具有位于建筑内部的“室外空间”，它是商场的公众活动空间，对于活跃空间气氛，组织和丰富空间层次，调节空气流通，提升整个商场的空间质量和档次，具有非常积极的意义。在照明的基础上灯具应考虑一定的艺术性，以增强视觉效果；中庭也扮演了不同活动的举办功能，因此灯光应事先考虑灯具的灵活运用，考虑灯光场景的多元性。

中庭空间中的垂直动线也就是手扶梯和电梯，应考虑与环境的融合，创造并丰富商场空间层次感和连接感。而水平动线也就是连廊，相当于商业空间的延伸，属于能为整体的商业价值加分的附属空间。消费者除了在店铺所花时间外，在走廊停留的时间是最长的，应考虑灯光的视觉观感并通过设计密度和亮度对比，塑造走廊的引导性和开阔感。提供较均匀的照度和高水平的视觉舒适度，并且形成一定的引导效果。

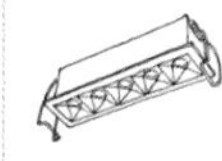

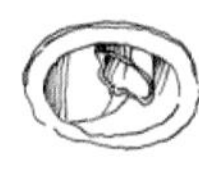

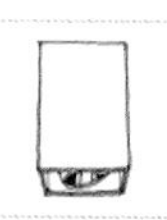

12.1.4 购物中心空间照度、色温需求概述

购物中心空间照明最常用的色温一般在 3000 ~ 3500K 左右，这种色温可以营造相对比较休闲、放松的商业氛围，更适合以家庭为主要消费群体的商业空间；而一些相对于硬装设计比较偏现代风格和材质上多用一些简洁和冷色调的现代元素商业空间，以及以表现年轻、朝气的青少年商业空间，则可选择 4000 ~ 4500K 之间的色温，以符合整个商业空间的现代风格与消费群体的定位。

照度高低同样和商场定位及装修风格有关，入口作为欢迎、辨别方向等功能，建议照度在 500lx 左右；而中庭作为交通、促销、演艺等多功能使用区域，照度则建议在 400lx 左右；水平动线则建议在 300lx 左右。更高档次商场照度值可为上述数值的 1/2 左右。

12.2 购物中心空间照明方式与手法

购物中心空间除了店铺外，其他区域主要作为服务性空间或交通空间为主，包含入口、中庭、垂直交通空间（电梯及手扶梯）、水平交通空间（公共连廊）及附属空间五个部分。

12.2.1 主入口

主入口雨篷的区域是室内外连接的重要节点，也是购物中心的名片和引流器。建议入口处的地面平均照度应高于室内的平均照度，以呈现一种欢迎及方向辨别的光引导环境（图 12-4）。入口雨篷灯光应根据结构及造型搭配合适的灯具，除了常见的嵌入式筒射灯外，还可搭配表面安装筒射灯、侧壁装壁灯、线性 LED 灯具及发光天花等手法（图 12-5）。除此之外，也可使用动态屏幕等做法，提升空间大的氛围感（图 12-6）。

图 12-4 入口雨篷

图 12-6 入口动态演示

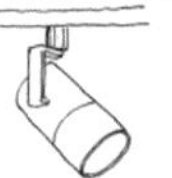
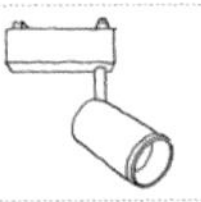

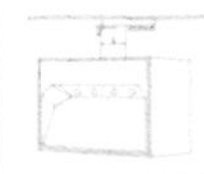
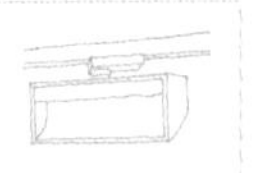

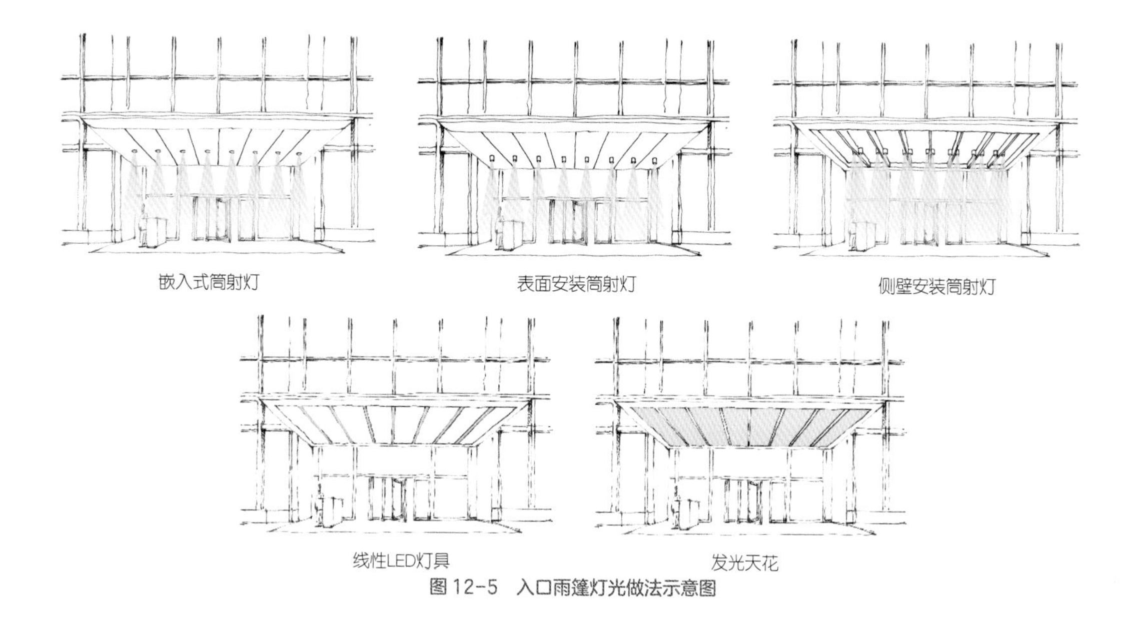

图 12-5 入口雨篷灯光做法示意图

12.2.2 中庭

中庭作为整个商场的核心区域扮演了交通动线及汇集空间、商品促销活动、主题活动及演艺举办等多功能使用区域，可以提升购物中心的聚客力，也能形成商场最好的网红打卡点。

作为购物中心的核心，灯光设计应考虑到白天及夜间的双重需求，目前大部分购物空间中庭多以高挑空及引进自然天光为主要做法，因此中庭除了考虑人工光以外，也应将自然光的因素结合进来。可在中庭设置照度传感器，白天自然光充足时，可透过感应器达到灯光明暗或开关调节的功能，进而达到一定的节能效果（图 12-7）。

图 12-7 中庭引入自然光

在夜晚灯光应更好地发挥其氛围塑造及使用需求的多重功能。在中庭空间中除了地面的水平面照明之外，空间中的屋顶面（走道天花、采光顶等）及垂直面也是空间的视觉焦点。中庭空间由顶棚、地面、护栏河等形成天、地、壁的立体空间关系。地面平均照度建议在 400lx 左右，灯具根据现场结构及设计风格可分成采光顶或天花下照灯、护栏河外墙投光灯、走廊天花投光灯等几种不同的安装位置及方式（图 12-8）。采光顶或天花下部安装灯具做法是较常见的，但因安装于高空中，维修需要采用马道或是升降机进行维护。一般挑空区天花很多作为视觉的主要焦点，因此，除非设计或其他不可避免因素，应避免在采光顶下面安装中庭基础照明灯具。护栏河外墙投光灯及走廊天花投光灯是目前比较合适的做法，两者的维修相较于采光顶安装要方便不少，尤其是走廊天花安装的更为方便。根据中庭大小和距离，最合适的安装楼层应该在 3F 或 4F 的天花，此做法有利于中庭地面的照度平均布置，同时也可一定程度地降低眩光对顾客的不适感。上述灯光主要提供中庭基础照明使用，建议增设单独回路的投光灯，满足未来演艺活动或促销活动的使用需求。此部分的灯具除基本的白光外，可考虑采用 R.G.B. 的彩色灯具，以增加活泼动感的气氛。

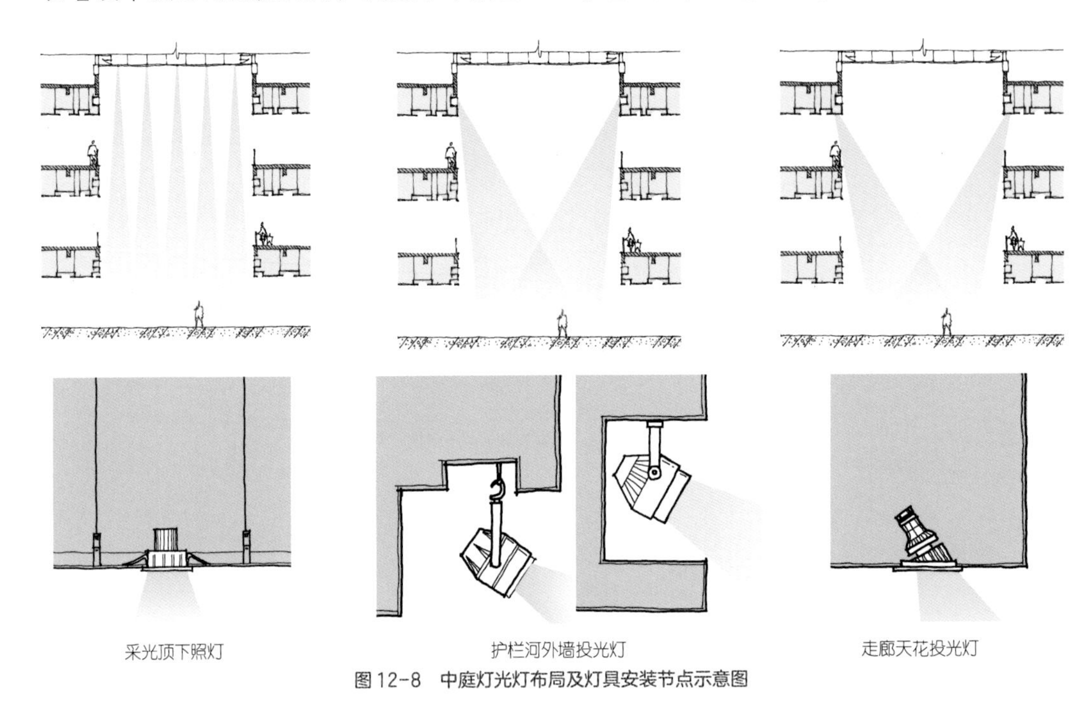

图 12-8　中庭灯光灯布局及灯具安装节点示意图

在特定节日或假期时，可考虑利用采光顶吊装设备，增设装饰灯具以烘托节日的氛围并与活动主题相呼应，既可以丰富及点缀空间，又可提升空间的艺术性（图 12-9）。

中庭第二个最容易看见的部位就是护栏河的部分了，好的护栏河灯光搭配可以起到空间画龙点睛的效果。灯光应结合室内装修的做法，采用线型灯具或间接灯槽、发光面、小型投光灯、甚至是电子屏幕的手法来丰富空间的视觉感受（图 12-10 ~ 图 12-13）。

图 12-9　节日氛围

图 12-10　线性灯带做法

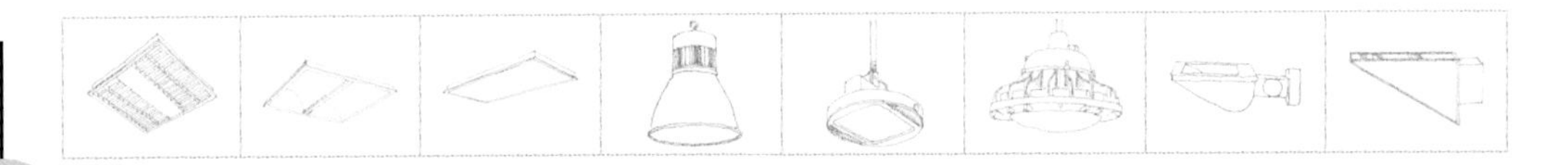

图 12-11　线性洗墙灯带做法

图 12-12　发光面做法

图 12-13　电子屏幕做法

12.2.3　垂直空间

自动扶梯在输送乘客方面都扮演着一个至关重要的角色，它能顺畅地把不同区域连接在一起，为乘客从停车场到各购物楼层间提供便捷通道。而自动扶梯的灯光设计考虑重点一个为安全性，另一个则是艺术性。安全永远是第一考虑重点，因此，电动扶梯应在上扶梯的第一阶和下扶梯的最后一阶都能清楚看见地面和扶梯踏步的差异，确保安全无虑，尤其是对于老人和小孩。避免只考虑美观而放弃应有的安全考量（图 12-14、图 12-15）。

图 12-14　手扶梯踏步入口应提供足够照度

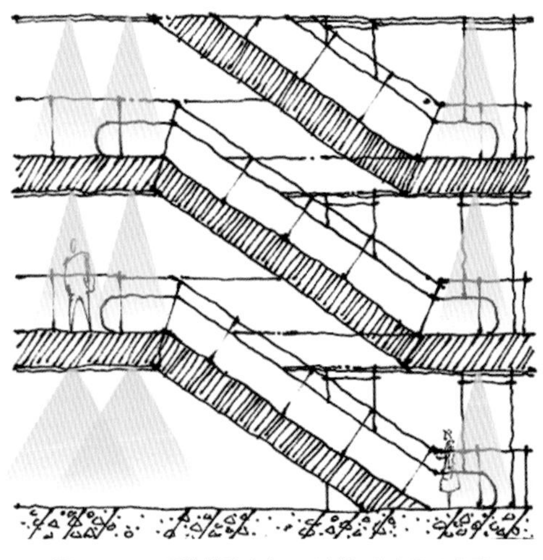

图 12-15　手扶梯踏步入口区域灯光布局示意图

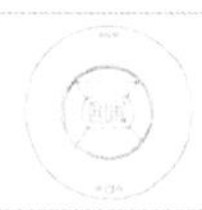

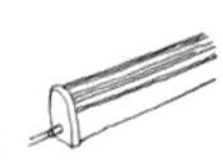
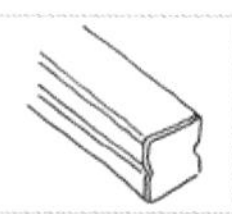

在无安全顾虑后，扶梯应重点考虑视觉感受，常见手法可为嵌入式筒射灯、发光面（全发光或冲孔板造型发光）、线型灯具或间接灯槽等做法（图12-16 ~ 图12-19），当然也可以考虑在扶梯本身设置线性引导灯光，在中庭空间中也会成为很好的视觉焦点。以上做法以筒射灯最为常见，安装及成本也最小，但往往安装没有考虑手扶梯底面倾斜角度问题，往往会对顾客造成直接的眩光，应特别注意。建议采用倾斜面专用射灯或将电梯底部设计成内嵌凹槽，方便常规灯具安装（图12-20）。

图12-16　发光面

图12-17　冲孔板发光

图12-18　线性灯带

图12-19　手扶梯自带灯光

倾斜安装，眩光严重

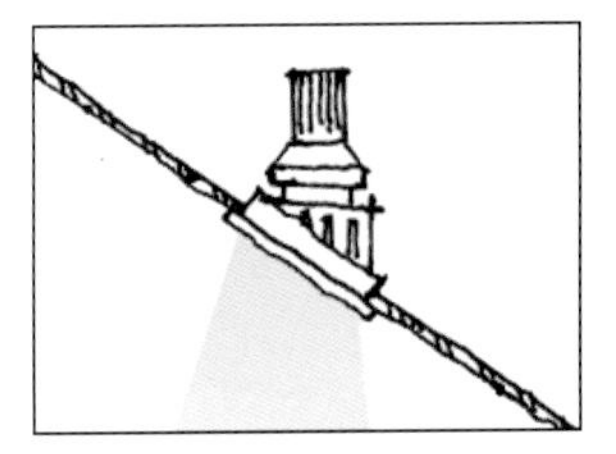

采用斜面专用下照灯

电梯底面设计凹槽安装常规下照灯

图12-20　手扶梯射灯安装节点及问题

12.2.4　公共连廊

垂直动线是将顾客由下而上的带到各个楼层，而公共连廊，也就是所谓的水平动线则是将顾客带到最终要去的特定地点或是将顾客引导到商场希望顾客去的地方，并将分散的商业及服务设施连接成网络。

公共连廊虽然重要，但主要的目的是为店铺服务的，只能作为商铺的配套空间，不应抢了商铺的风头。因此在考虑灯光设计时照度不应超过店铺内的照度，建议以均匀布光为主。如需在地面形成光斑，则光斑应排布整齐，切忌杂乱分布，使得空间更为凌乱，不利于顾客舒服悠闲的购物。均匀的动线照明气氛较为放松；而通过不同光斑和天花造型在地面产生明暗变化，则可形成律动感和情绪变化；商场内特色区域照度可适当提高，在行进动线上形成均质 + 高潮的结合；强调天花造型，形成空间韵律感及视觉焦点等，都有其可取和优点，具体的做法需要结合项目进行调整，寻找适合项目特点的照明方式（图12-21）。

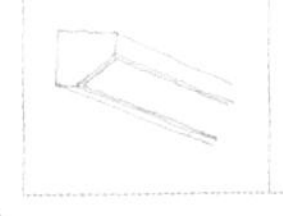
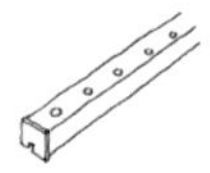

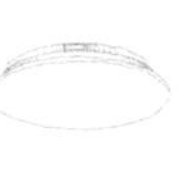

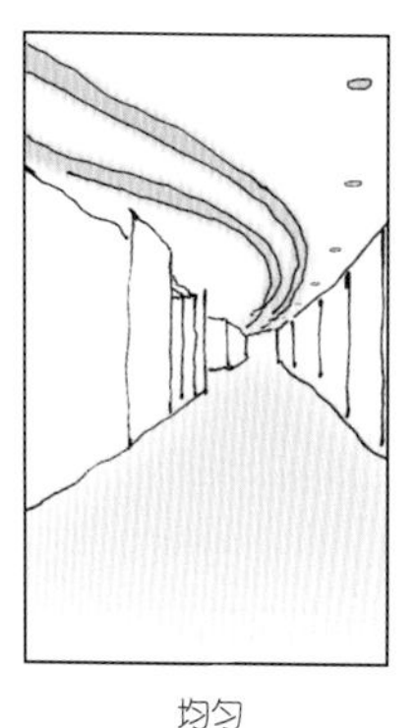
均匀

韵律感

连续光带指引
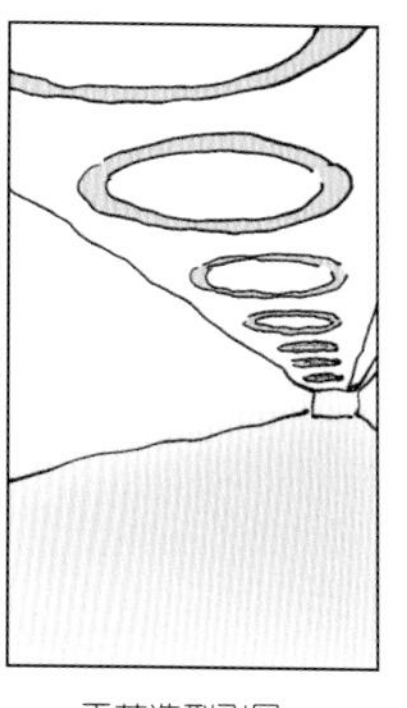
天花造型引导
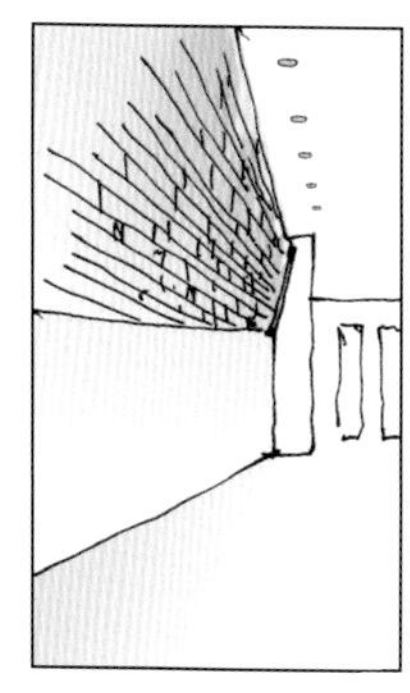
立面强化引导

图 12-21　公共连廊灯光布局示意图

中庭区域可以同时看到各个楼层天花，因此中庭区域各个楼层公共连廊天花应整体考虑，采用统一或有关联的手法，让视觉感受能更统一。连廊天花灯具切忌“满天星”安装，极易造成空间的局促与凌乱感觉，应采用一定间距或数量的规律来布置灯具。例如采用成组的筒射灯、连续的线型灯具或间接灯槽、组合安装线条灯具等方式，既能消除顾客视觉疲劳，又能起到提升空间导向性的作用。采用造型灯槽搭配下照筒射灯，既满足了地面照度，同时天花灯槽造型又能起到良好的指示与艺术效果（图 12-22）。

空间中的立面元素，例如柱子、墙面能成为很好的视觉元素，应加以利用。可利用天花灯光强化柱子的视觉感，也可在柱子设置造型线条或采用背透光等手法增加空间趣味感（图 12-23）。

图 12-22　天花造型灯槽

12.2.5　附属空间

除了上述几个主要空间外，商场还有一些服务性空间，例如电梯厅、公共厕所、通道等。虽说没有其他空间重要，却也被商场经营者越来越重视，希望在顾客逛完商场或中途逛累了能提供一个舒适放松的

图 12-23　柱子结合灯光元素

小空间稍事休息并过渡情绪。

电梯厅作为等候电梯的区域，顾客在这里会有一段时间的短暂停留，应让顾客能舒适的度过等待的时光。商场的电梯厅由于人流较大等因素，在照度上相较于其他类型空间如酒店等的电梯厅照度要高，以简洁大方为主（图 12-24）。最后，商场经营者已逐渐将卫生间也当做商场一个重要的角落，并尝试着让使用卫生间成为一个舒适的体验（图 12-25），甚至包括到达卫生间的通道也可通过造型或间接灯光营造一个更为舒适的动线环境（图 12-26）。

图 12-24　电梯厅灯光氛围

图 12-25　卫生间灯光氛围

图 12-26　过道灯光氛围

12.2.6 常用灯具

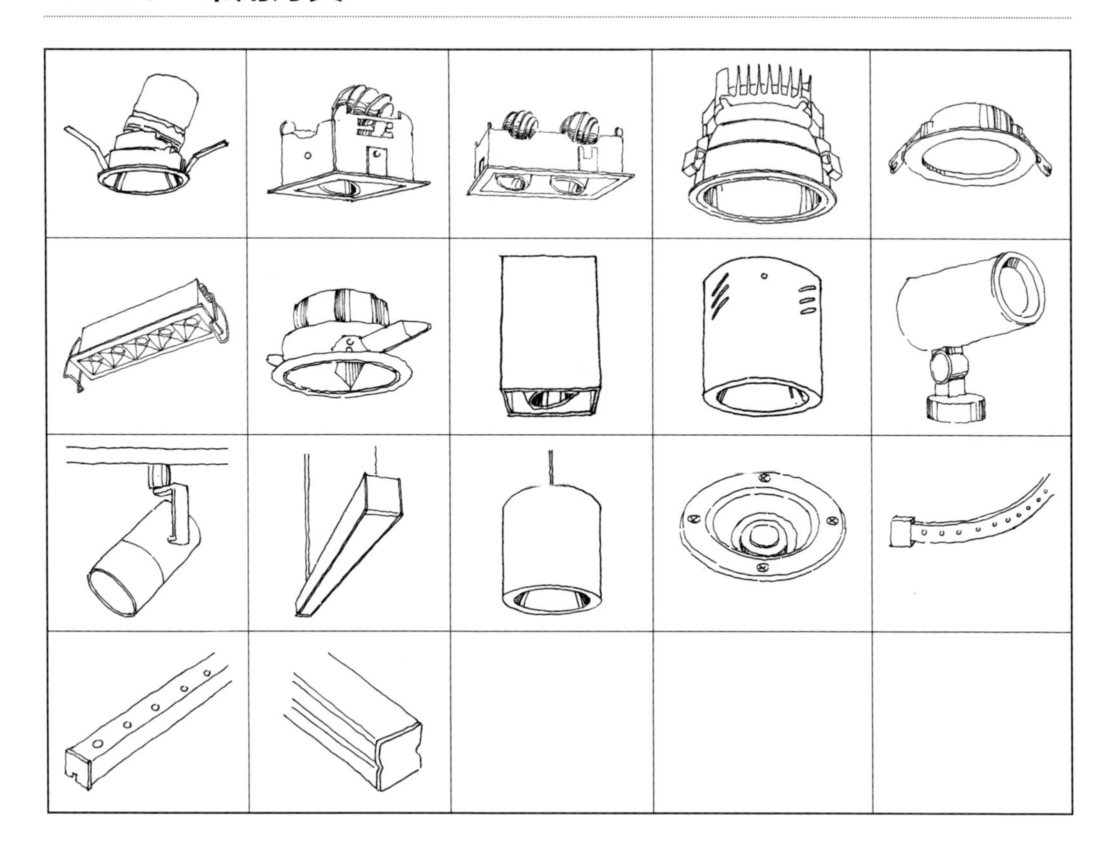

12.3 案例分析

12.3.1 海花岛购物中心

海花岛的地理区位非常特殊，建筑坐落于一片汪洋大海之中，宛如一朵向上生长，到达海面盛开绽放的莲花。

日升，视野开阔，海边的景色一览无余，日落，波波光粼粼的海面渐渐安静，月光洒下，人的视线从外由内渐移，这时室内照明由内而外透出清丽而温馨的光。如何将夕阳西下，漫步沙滩的浪漫情怀传达给使用者，成为照明设计的重点。

购物中心最重要的空间属性一定是舒适与恰当的商业氛围。中庭是体现购物中心空间属性的重要区域，室内设计延续了建筑流畅线条的柔美感，也是本次项目的亮点之一。因此以“迎”为理念，以沙滩、海浪为设计元素，选用不同的色温（天花灯带选用暖色温 3000K，侧裙灯带选用中性色温 4000K）的形式，将滨海风情融于建筑，呈现属于项目别具一格的特色。延伸的曲线如海浪又如张开双手的怀抱，强化“欢迎”之意境，加深游客对购物中心独特、难忘的记忆。

结合建筑自然采光充足的特点，从人的视觉舒适度出发，为项目制定一个合适的照度将照度设定在 200 ~ 250lx。通过智能控制的调光方式，使部分灯具根据周围环境的变化，不断自动地调节亮度，形成无数种照明情景模式，达到自然光与人造光相互协调的状态，赋予空间会“呼吸”的生命气息的独特概念，让室内空间与自然环境下的不同天气模式相契合。营造良好的商业环境，同时达到高效节能的目的，节省营运成本。

自然光充足时的照明方式—晴天

自然光不充足时的照明方式—阴天和傍晚

月光照射时的照明方式—夜晚

12.3.2 西单大悦城 –玫瑰园

西单玫瑰园是北京西单大悦城的改造空间。此空间被定义为朋友约会见面的最佳选择，室内设计运用户外材质及处理手法，将其打造成一个宽敞舒适、室内街区室外化的主题餐饮休闲空间。留有原玫瑰园的形式，运用更为时尚简约的手法来表现。

照明设计考察分析白天、夜晚、周边餐饮照明三种光在空间中的融合与过渡，对空间的色温、亮度进行研究定义。用不同的照明手法渲染“玫瑰花瓣”的主题，强调“花瓣”“旋转楼梯”“绿植”等主要元素。打造清新舒适的花园氛围。作为餐饮配套的休闲空间。不与周边餐饮灯光形成脱离，色温定调在3000K，提供宽敞舒适的户外休闲氛围，空间呈现亲和感。

整个空间融合了白天日光、夜晚灯光及

周边餐饮灯光三种情况，如何打造室外休闲空间主题，空间照度值是决定性因素之一。

通过实地考察白天日光进入空间的照度值和分布区域和周边餐饮照度值及对空间照度的影响，将空间平均照度定为200lx。白天空间可以接受到自然光中的沐浴，夜晚提供温和舒适的休闲空间，天花层次丰富的“玫瑰花瓣”和“闪烁的星光”更是将空间蒙上了浪漫的氛围。

整个区域的设计亮点以顶部大面积的玫瑰花瓣和旋转楼梯作为空间主题的核心元素。玫瑰花瓣的层层晕染效果，灯槽晕光的出光量是效果的关键，灯光实验可以让我们准确知道现场所将达到的效果。

原灯槽结构节点示意　原灯槽结构的效果

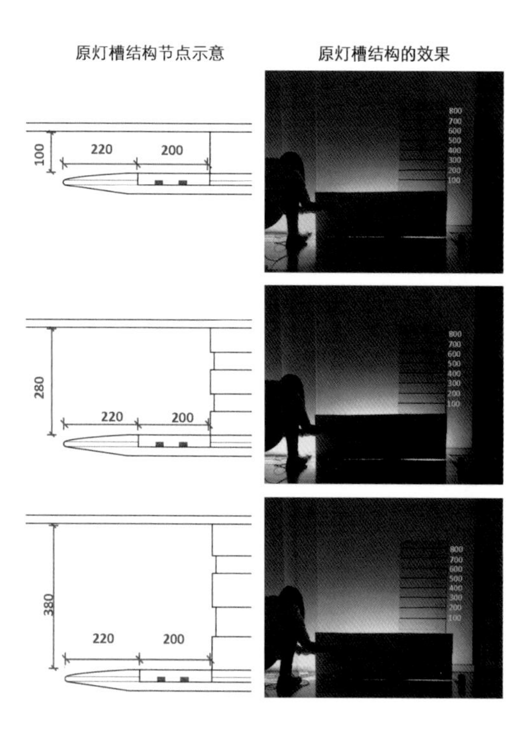

调整灯槽结构后的效果　调整灯槽结构节点示意

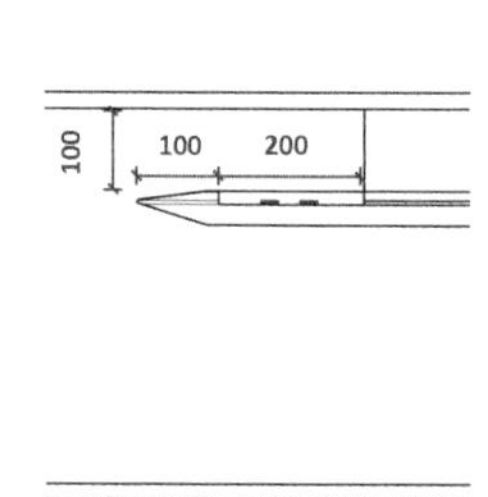

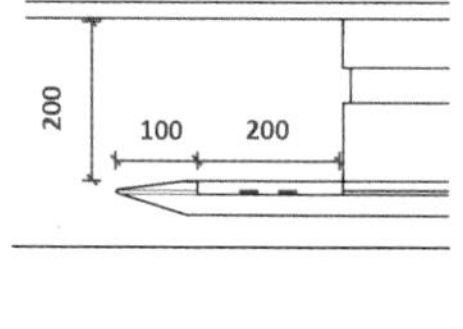

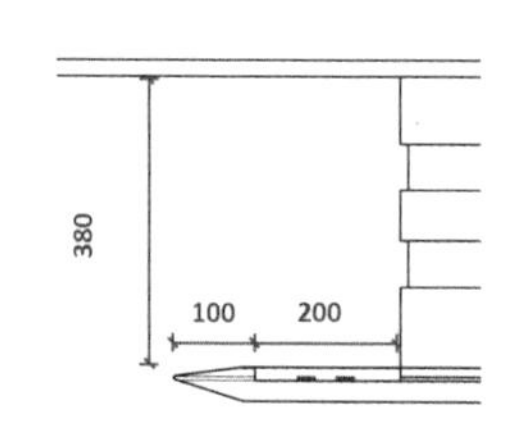

旋转楼梯旋转向上，跨层连接，中心点缀绿植带来自然清新的视觉享受。

灯光在内外两侧设计“亮带”将旋转延续向上。中心绿植通过软膜灯箱进行“自然”的渲染。

旋转延续的“亮带”的观看角度是完全“无死角”的，在有限的结构尺寸要求情况下，解决灯具的隐藏安装及施工的便捷性。

“满天星”作为延续改造前玫瑰园的元素，也同样做了“升级”改造。改造后的玫瑰园，空间定调更为明亮。综合空间大量的白色材质及亮度，“满天星”的亮度决定了在空间中的呈现效果。三种不同透镜大小的LED点光源不规则分布，形成“闪烁的星光”。

13

展陈空间

13.1 展陈空间概述

13.1.1 展陈空间界定

13.1.2 展陈空间照明意义与目的

13.1.3 展陈空间照明要点

13.1.4 展陈空间照度、色温需求概述

13.2 展陈空间照明方式与手法

13.2.1 非陈列空间

13.2.2 陈列空间

13.2.3 常用灯具

13.3 案例分析

13.3.1 邓小平故居陈列馆

展陈空间

13.1 展陈空间概述

13.1.1 展陈空间界定

展陈空间可根据展览时间和展品类型分为：博物馆、美术馆、展览馆三大类。

博物馆

博物馆是征集、典藏、陈列和研究代表自然和人类文化遗产的实物的场所，并对那些有科学性、历史性或者艺术价值的物品进行分类，为公众提供知识、教育和欣赏的文化教育的机构、建筑物、地点或者社会公共机构。

据20世纪90年代出版的《中国大百科全书·文物·博物馆》博物馆可划分为：历史类、艺术类、科学与自然类、综合类四大类，但随博物馆事业发展，2019年高等教育出版社出版的《博物馆学概论》已将其增加为12种类型。

历史类：以收藏、研究历史文物藏品，并以展示和反映古代历史的发展过程、发展规律等为主要内容的博物馆。例如：中国人民抗日战争胜利纪念馆（图13-1）。

图13-1 中国人民抗日战争胜利纪念馆

艺术类：文化艺术性质的博物馆，包括反映和研究绘画、书法、摄影、雕塑、民间工艺、陶瓷、织绣、文学、音乐、舞蹈、戏剧、电影等内容。例如：故宫博物院（图13-2）。

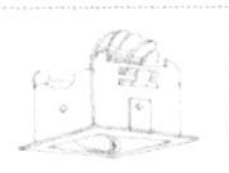
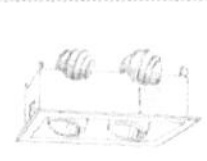

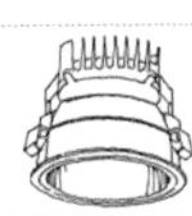
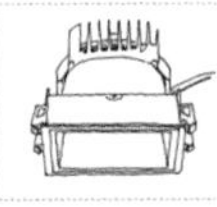

图 13-2　故宫博物院

科学与自然类：以研究和反映自然界和人类认识、保护和改造自然界为内容的博物馆。例如浙江省自然博物院（图 13-3）。

图 13-3　浙江省自然博物院

综合类：包括前述社会历史和自然科学博物馆的内容，兼具社会科学和自然科学双重性质的博物馆。例如：国家博物馆（图 13-4）。

图 13-4　国家博物馆

美术馆

美术馆主要展示以近现代和当代艺术为主，以提高公众文化艺术修养、协助艺术教育、展示传播美术作品及各类艺术作品的机构。例如：中国美术馆、上海龙美术馆（图 13-5）。

展览馆

展览馆是在一定地域空间和有限时间区间内，举办以产品、技术、服务的展示，以及群众参观，洽谈和信息交流为目的的场所。例如：上海展览中心（图 13-6）。

  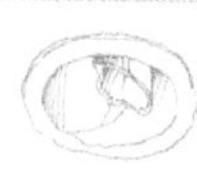 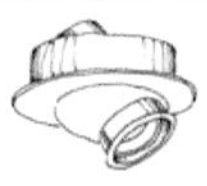    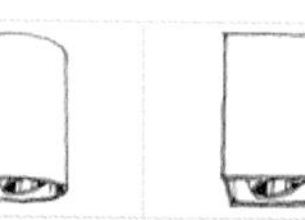

13.1.2 展陈空间照明意义与目的

提升观众的空间体验感;
满足观众观展时的舒适度;
真实反应展品特质信息;
展览并满足对展品的保护。

图 13-5 上海龙美术馆

13.1.3 展陈空间照明要点

根据不同类型展陈空间确定照明基调，并通过灯光表现公共区域的空间特质，同时利用灯光引导观众观展路线。另外，由公共区的高亮度空间进入展厅的低亮度空间应考虑空间明暗的过渡。

展陈空间照明以突出展品和空间层次感为主，应考虑展品与背景的亮度对比度关系，强调展品以吸引观众视线，尽可能让观众注意力能集中到展品上。

图 13-6 上海展览中心

13.1.4 展陈空间照度、色温需求概述

各类型展陈空间对于陈列区环境的照度要求不尽相同，需根据展览内容调整，一般不超过 150lx，而在博物馆陈列区通常整体照度更低，以突出展品为主，但应考虑展厅内通行的基础照度，保证观展者的行走安全。色温以 3000 ~ 4000K 为主。

为了能更真实还原展品，展陈照明建议显色指数不低于 Ra95，展品照明光色一致性也要考虑，色容差不大于 3 SDCM 为佳。另外，灯光设计应考虑展品的保护，需要根据不同光敏感度设定不同照度及照射时长，以起到保护展品的作用。

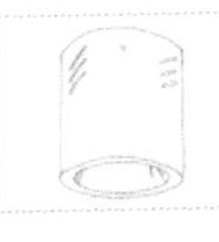  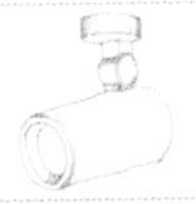 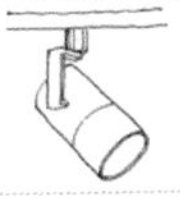 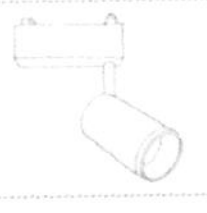  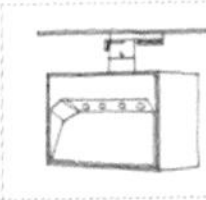 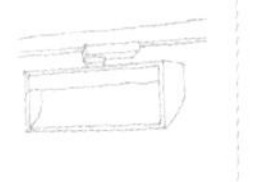

13.2 展陈空间照明方式与手法

展陈空间可分为非陈列空间及陈列空间两部分，而陈列空间又依据实际应用，可细分为基本陈列厅、专题展厅和临时展厅三种应用形式。所有的陈列类别则主要通过环境照明和柜内照明的结合以满足不同展陈的需求。

非陈列空间泛指公共空间，是接待观众、展览开闭幕式、业务咨询、售卖区、休息区、报告厅等多种服务为一体的综合空间。灯光设计以均匀舒适为主，视觉上要有统一的整体印象，并考虑节能的需求。

13.2.1 非陈列空间

非陈列空间是服务观众的区域，作为展陈空间的辅助功能来设立，起到观众进出场所和调节观众身心的作用。主要指大厅和过廊等服务性空间。

大厅是观众最先到达的空间，传达空间整体感第一印象，是迎接观众的重要场所，照明常采用自然光与人工照明结合的方式。色温以 3000 ~ 4000K 为主，照度以 150lx 左右均匀光为基调。过廊主要起到动线空间的作用，灯光应增强空间的流畅感，并引导观众穿行。过廊照度应适度低于大厅，色温与大厅保持一致（图 13-7）。

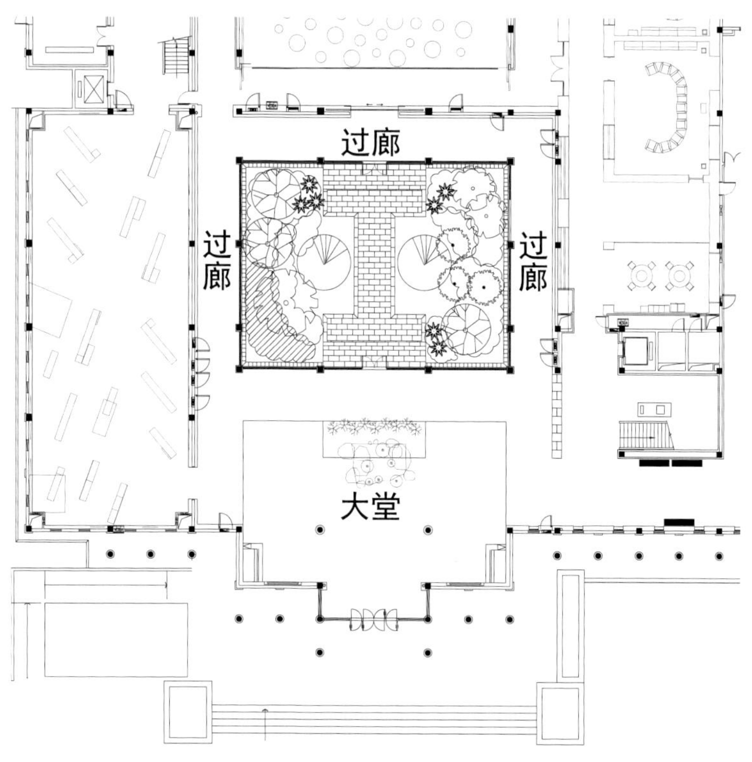

图 13-7 大堂及过廊空间

目前不少展馆已将展陈空间的功能延展到大厅，部分展品有时也会在大厅陈列。灯光设计除满足基础照明外，应考虑增加独立的展陈照明系统，可在天花或墙面设置轨道系统，或天花预留灯具安装构件及所需的电量等，以满足陈列需要（图 13-8）。

图 13-8　大厅 / 序厅附加展陈功能

13.2.2　陈列空间

陈列空间中无论属于何种主题，均采用了柜内和柜外两种照明方式的结合。

柜外照明一般以轨道系统为主，并结合天花做法考虑最佳的排布方式。一般可采用吊装、表面固定式、嵌入式等三种轨道安装方式（图 13-9）。主要提供陈列区环境的基础照明和展品的重点照明两个部分（图 13-10）。在博物馆里，考虑文物保护因素，一般展品及展柜区域只提供展品的重点照明，环境光只依靠展柜发散的灯光，不再另设环境照明（图 13-11）。

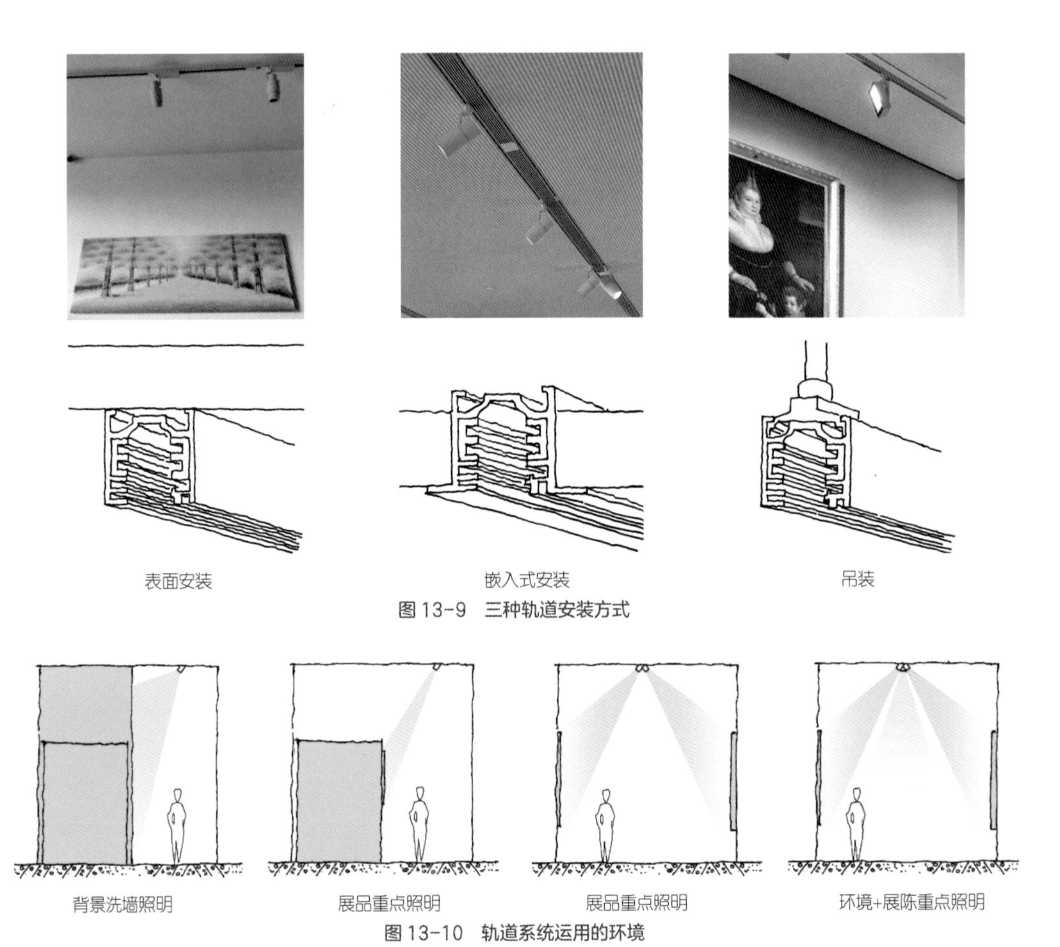

图 13-9　三种轨道安装方式

图 13-10　轨道系统运用的环境

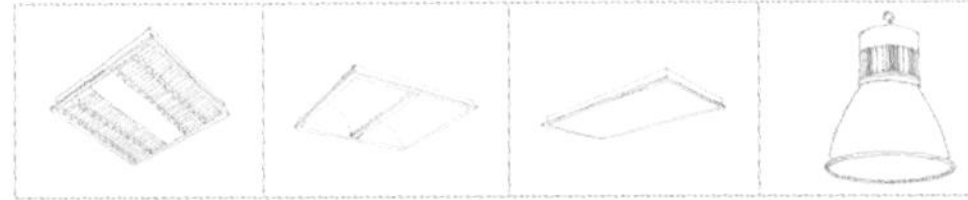

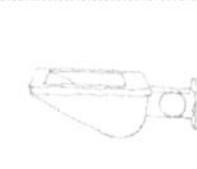
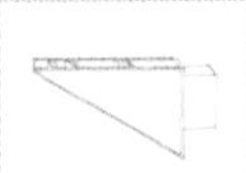

图 13-11　空间中只采用展品重点照明

柜内照明为陈列空间不可或缺的展示手段，也是陈列照明重要的组成部分。根据展柜形式、大小及安装位置可分为四种类型：平柜、龛柜、独立柜（四面柜）、壁柜（三面柜）。

1. 平柜

一般常指的是柜体低矮，观看方式为下视的展柜，形状多以长方形为主（图 13-12）。打光方式有柜内单、双侧打光、单侧 + 柜内底部发光、柜外打光等几种常见照明方式（图 13-13）。设计时需要考虑灯具本身所产生的直接眩光和由展品反射的二次眩光（展品表面如为反光面或是覆盖反光材料，例如透明亚克力）。

图 13-12　平柜

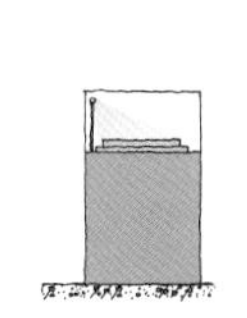

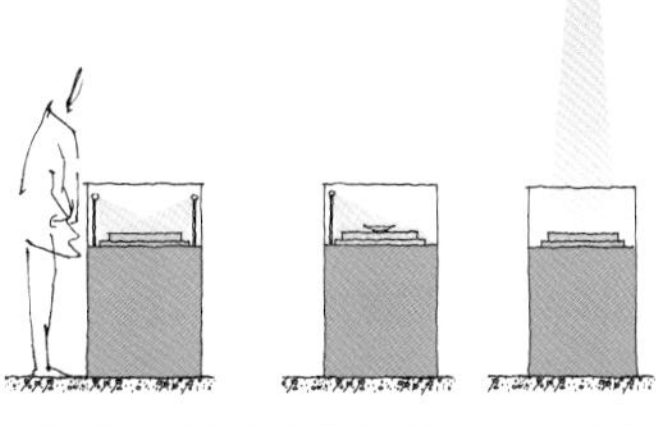

图 13-13　平柜照明方式

2. 龛柜

指的是镶嵌展墙上凸出或凹进的展柜（图 13-14）。打光方式有柜内下照打光、柜内下照打光 + 背景补光、柜内底部上照打光、柜内下照打光 + 底部发光等几种常见照明方式（图 13-15）。

图 13-14　龛柜

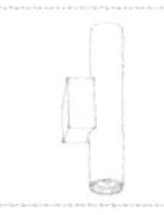
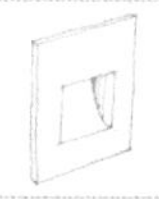

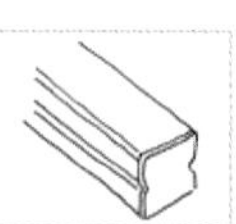

下照打光

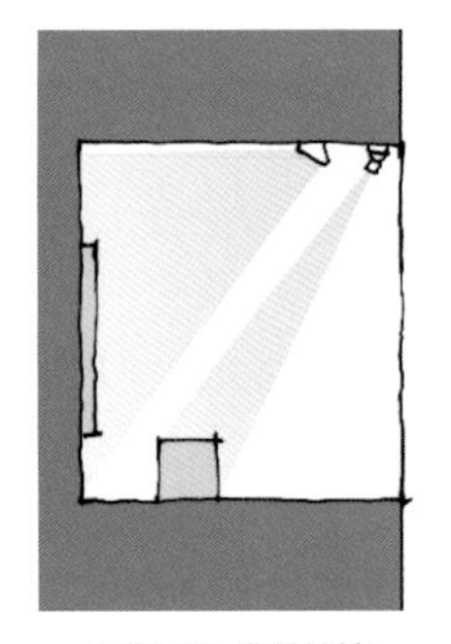

下照打光+背景洗墙

底部上打光

下照打光+底部发光

图 13-15　龛柜照明方式

3. 独立柜（四面柜）

一般也称作四面柜，顾名思义也就是四面都能观看独立站立的柜体展示方式（图 13-16）。打光方式有柜内下照打光、柜内下照打光 + 柜内顶面均匀补光、柜内下照打光 + 底部打光柜内下照打光 + 底部发光、柜外打光等几种常见照明方式（图 13-17）。

图 13-16　独立柜

4. 壁柜（三面柜）

此类通常为只有一面观赏面的大型展柜。有时则为一面靠墙设置，其余三面可作为观赏面的展柜，也称做三面柜（图 13-18）。打光方式有柜内下照打光、柜内下照打光 + 柜内顶面均匀补光、柜内下照打光 + 底部打光柜内下照打光 + 底部发光、柜外打光等几种常见照明方式（图 13-19）。

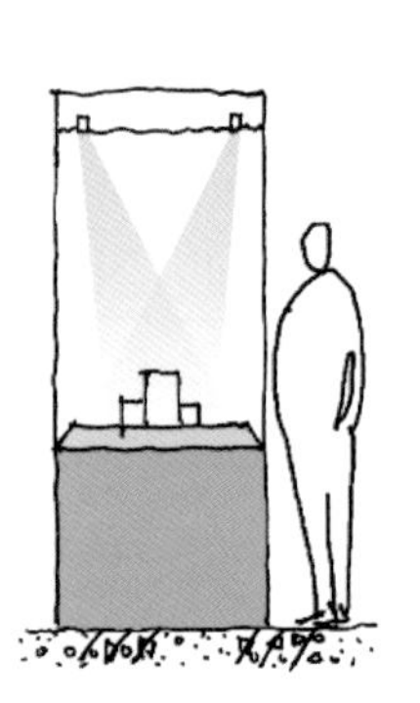

（a）下照打光

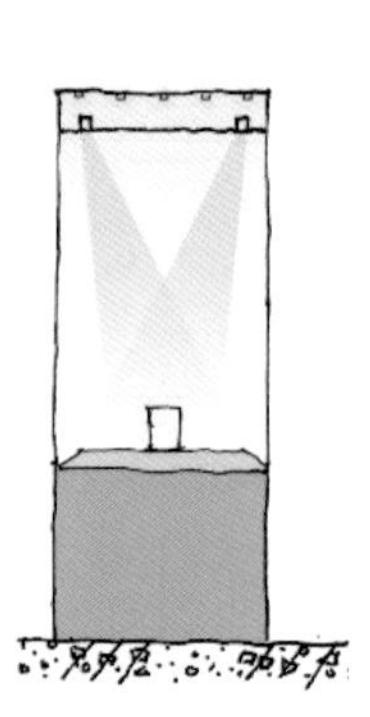

（b）下照打光+顶面均匀补光

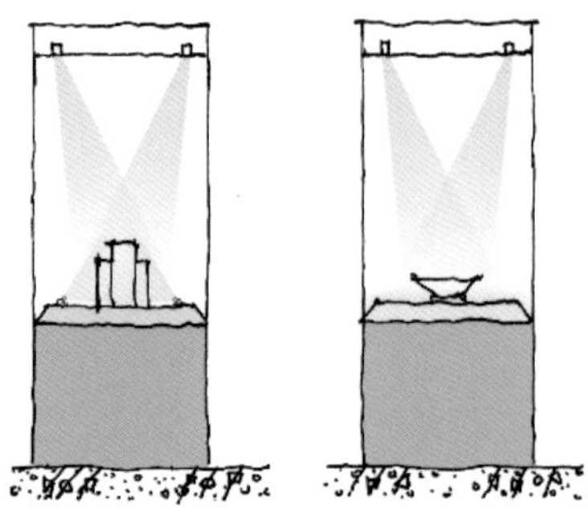

（c）下照打光+底部上打光　（d）下照打光+底部发光

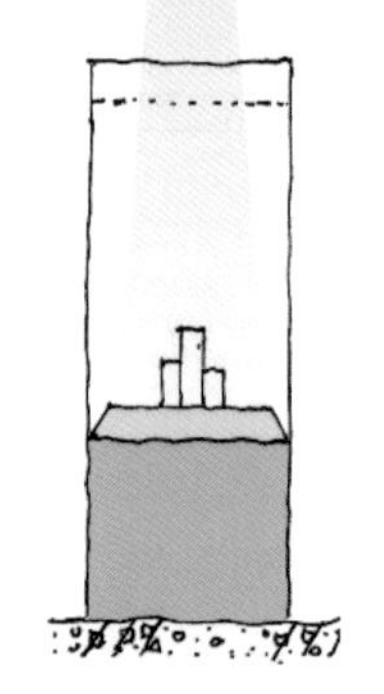

（e）柜外打光

图 13-17　独立柜照明方式

图 13-18　壁柜及三面柜

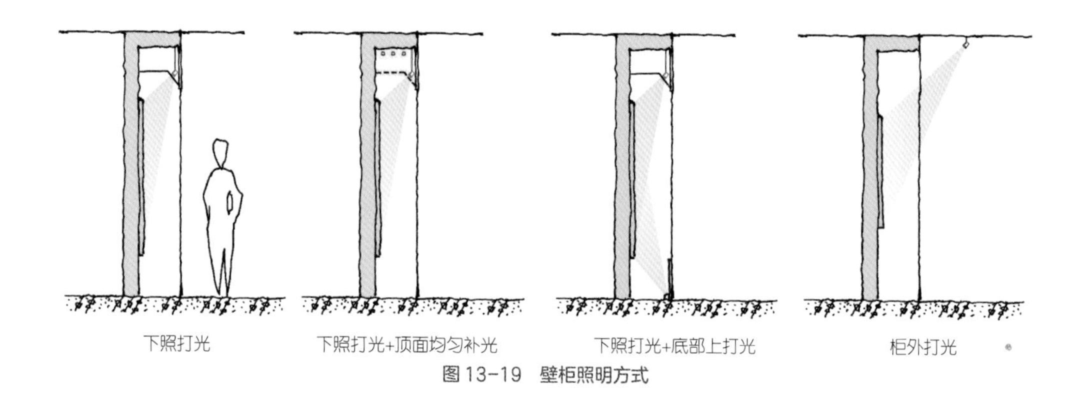

图 13-19　壁柜照明方式

基本陈列厅（综合专题展厅）

基本陈列一般为博物馆、美术馆中最大和最重要的展览空间，展示的展品也最有该馆代表性和展示的长期性需求。例如：中国国家博物馆“古代中国基本陈列”和“复兴之路”基本陈列展等。

此类展览中文物类型会十分丰富，多为珍贵级别展品，灯光设计应严格参照展品对光四个敏感的分类等级要求（图 13–20），设置相应的照度及年曝光量等级。

灯光设计应在展厅平面图中标出各展品所处位置，分析照明等级情况（图 13–21）。调整同一等级展品集中展示，不同等级展品尽可能区分，照度等级差别大于 3 倍以上的尽量不要在同一区域摆放，如不能避免近距离摆放，要有平衡与等级过渡。在同一区域等级对比尽可能小，以免让观众出现视觉疲劳。

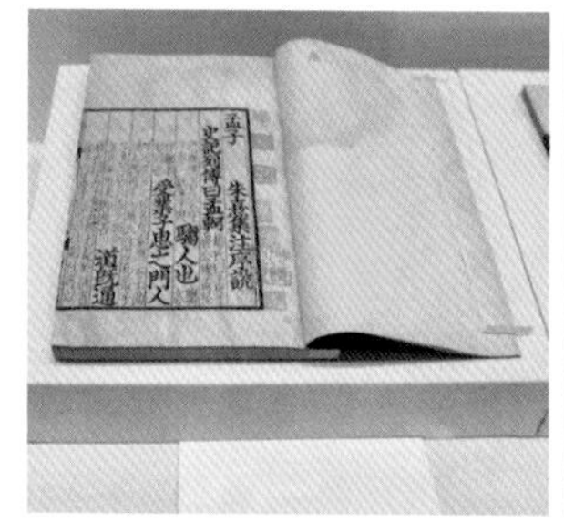

对光极敏感　　对光较敏感

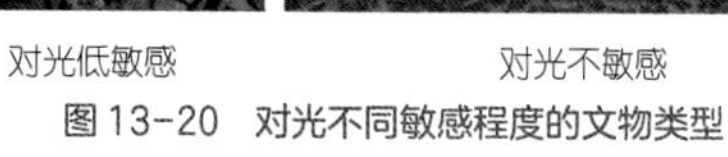

对光低敏感　　对光不敏感

图 13-20　对光不同敏感程度的文物类型

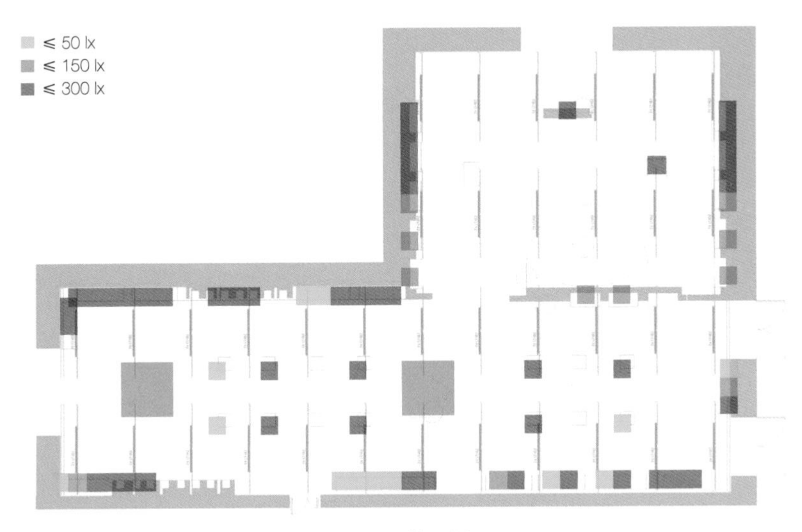

图 13-21 照明等级分布平面图

专题展厅

专题展与基本陈列相比，选题十分灵活，专题性和时效性更强，可以满足观众多样化的文化需求。

（1）传统书画类展览

主要展示传统书法、绘画艺术作品为主，常见有柜外及柜内两种展示方式。柜外以墙面展示居多，而柜内则以大型墙柜和大通柜为主，部分珍贵长卷则会采用平柜。

柜外书画一般为近现代绘画作品，灯光以宽光束角轨道灯为主，如画作排布较为连续，也可采用洗墙灯。大型画作及卷轴的照明要考虑均匀度和视觉舒适感，均匀度不低于 0.4。灯具则建议采用可以单灯调节明暗的产品。

除此之外，由于展览现场条件各有不同，灯具距离墙面也会因为天花高度不同而有所不同，原则是天花越高，距离墙面越远。灯光安装位置应以艺术品的照射角度作为依据，灯具与艺术品照射角度以 30° 为佳，距墙距离为天花高度减去视觉高度（约 1600mm）的距离乘以 tan30°（图 13-22）。

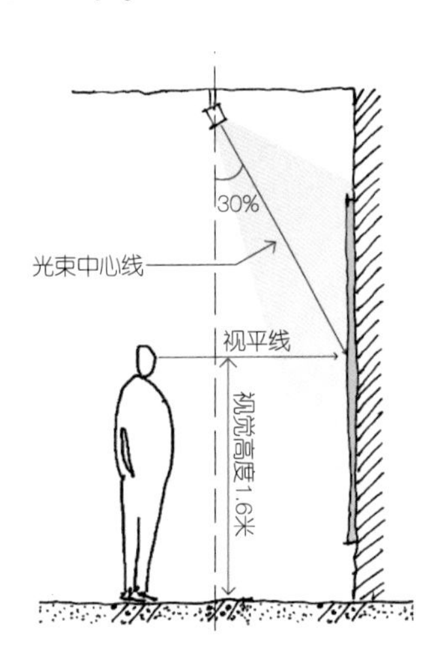

以5m高的天花为例，灯具安装距离
=（5000−1600）x tan30 °
=3400 x 0.5774
=1960mm

图 13-22 灯具安装距离和角度关系

柜内最常见的为大型墙柜或通柜，展示方式和柜外做法类似，多采用轨道灯作为照画主照明，不同的是一般柜内的书画多属于珍贵文物，画作和灯具之间会采用防红外、紫外辐射的安全玻璃隔开以确保灯具不掉落或电气设备危害损伤到画作，另外，展柜深度及柜内尺寸的局限性，灯具安装位置只能位于展柜内靠外侧顶部结构内，对于灯具的选择限制较大（图 13-23），需要根据安装位置、画面大小及照射角度计算并选择合适的灯具光束角及灯具尺寸。

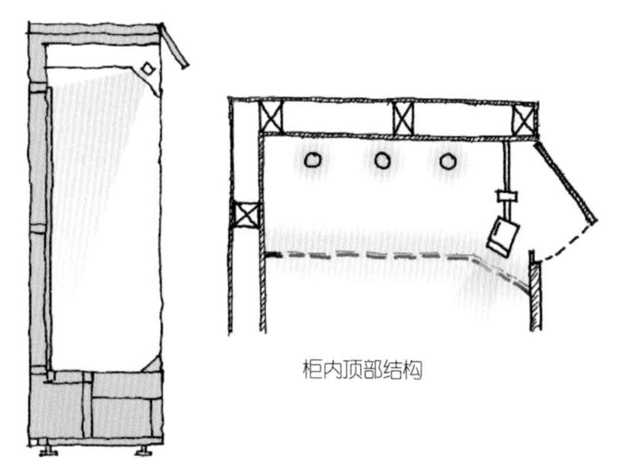

柜内顶部结构

图 13-23　大通柜灯光布局示意图及节点图

长卷轴书画作品，一般选用平柜进行展示，平柜根据摆放位置及展陈内容可分为单面打光和双面打光（图 13-24），但不管何种方式，需要注意灯具产生的眩光影响到观看效果。同时需注意照射的均匀度。平柜目前常用的灯具为迷你 LED 灯及光纤灯两种，可独立站立柜内或和展柜玻璃柜体结合（图 13-25）。

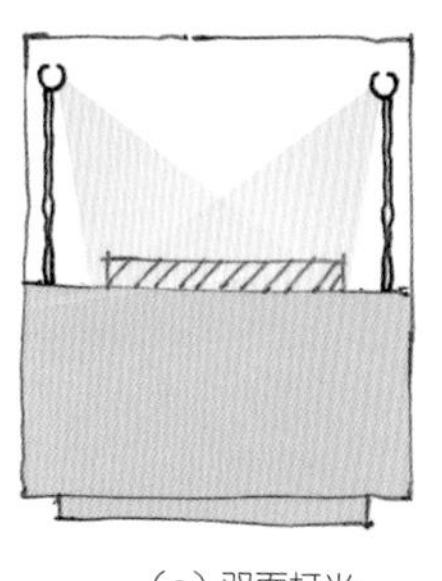

（a）双面打光

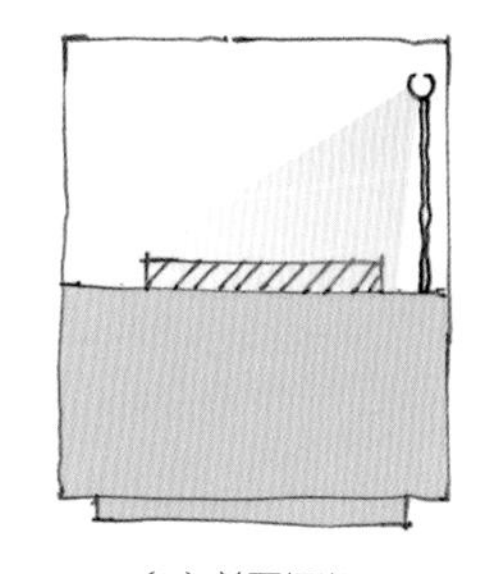

（b）单面打光

图 13-24　平柜照明方式

小型LED灯

光纤灯

图 13-25　平柜采用小型 LED 及光纤灯做法

（2）传统器物类展览

主要展示青铜器、陶器、瓷器、漆器等展品的展览。以中小型器皿为主，通常以独立柜和壁柜形式陈列，小型器物常采用龛柜（图 13-26）。

独立柜器物多为珍贵文物，青铜器、陶器要注意表现器物纹饰和图案，瓷器由于表面反射率高，要避免产生眩光。色温应根据展品色泽选择，高色温会让展品看起来晶莹剔透，明亮一些。针对暗色青铜器，可采用 3500 ~ 4000K 色温，体现青铜器的历史感、年代感。但也应注意整个陈列区的整体氛围，避免空间多种不同色温交叠。

柜外器物展示多为石器或瓷器（图 13-27），色温根据设计需求及展品特点采用 3000 ~ 4000K。

壁柜陈列

独立柜陈列

龛柜陈列

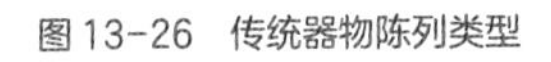

图 13-26　传统器物陈列类型

图 13-27　柜外展示及灯光布局示意图

（3）立体雕塑或家具、器物类展览

主要展示传统佛造像、传统家具或其他立体展品的展览。多以大型立体展品为主，常用裸展形式（图 13-28）或独立柜陈列，小型器物多采用龛柜。

图 13-28　裸展形式

小型立体展品，有时也会采取柜外照明。以突出展品立体效果，满足展览整体色调为基准。大型立体展品照明很多采取裸展形式（图 13-29），应注意照射角度，避免照射角度太小产生阴影而导致被照物轮廓整体不清晰，雕塑细节淹没。建议以宽的光束角灯具作为展品的第一个层次灯光，再补充重点照明强化展品特点。

图 13-29　展品外打光

（4）现当代艺术展览

指近一个世纪以来的用“形似自主”

和“观念介入”来拓展艺术边界的各种艺术形式。展品材料丰富，多以油画、水彩水粉或综合材料艺术展品为主。形式以多媒体和展品裸展结合为主，现当代艺术类展览以平面展品为主，多数为沿墙展示，少量配有平柜、独立柜或大通柜组合形式。平面展品做法与传统书画展类似，照明方式也是以轨道系统为主（图 13-30）。需要注意的是油画类的画框厚度与照射角度形成画面上的阴影；另外，不少现代艺术材料为反光材质或表面覆盖玻璃等高反射材料保护，也需要考虑天花灯具的照射角度，避免眩光，当单个灯具无法避免眩光则可考虑两个方向的灯具设置，避开观赏区，具体做法参见图 1-20。

图 13-30　当代艺术品主要陈列方式

（5）红色主题展览

以红色主题、纪念革命人物或名人故居的展览。展示形式多以平面展板和史料照片为主，通常用展墙配平柜或与大通柜组合展示，少量文物采用独立柜等其他形式（图 13-31）。照明无固定形式，可涵盖上述所有形式。

图 13-31　红色主题展览

（6）科普教育展览

以展示动植物标本、矿物质实物或生活相关科技发明等内容为主，目的是传播科技与自然知识。展示形式多以平面展板和标本为主，通常展览会有多媒体互动形式和大型复原景观做展示，也会多采用展墙与大通柜组合展示，少部分展品采用独立柜或其他形式（图 13-32）。

自然科学类

生活科技类

图 13-32　科普教育类

（7）多媒体与装置艺术展览

多结合声光电多种手段展示特殊效

果，给观众以神奇梦幻的感受，照明设计以艺术表达为主，满足观众视觉舒适度和人身安全为基本要求，照明手法可以丰富多变，此类展览灯光多成为主要的呈现媒介（图 13-33）。

图 13-33　多媒体与装置艺术展示

临时展厅

临时展厅一般展示内容形式多样，展品选择较自由，陈列内容与艺术形式机动灵活，展品容易更换，展期较短，起激发观众参观博物馆欲望，增强展馆吸引力为主要目的。

因此，临时展览照明应满足所有展品照明需求，设计上应考虑所有展示的可能性，进而在天花设置弹性最大化的照明系统，一般以轨道系统为主（图 13-34）。临时展厅展览不外乎墙面展示与独立柜或独立展品陈列，因此轨道布置首先考虑轨道距离墙面可照射到的位置，遵循 30° 角照射原则排布（图 13-22），再考虑中间轨道等距分布的距离，可考虑采用连续线形、口字形或根据天花造型等轨道布置方式（图 13-35）。

图 13-34　临时展览轨道系统

图 13-35　临时展览轨道系统布置方式

13.2.3 常用灯具

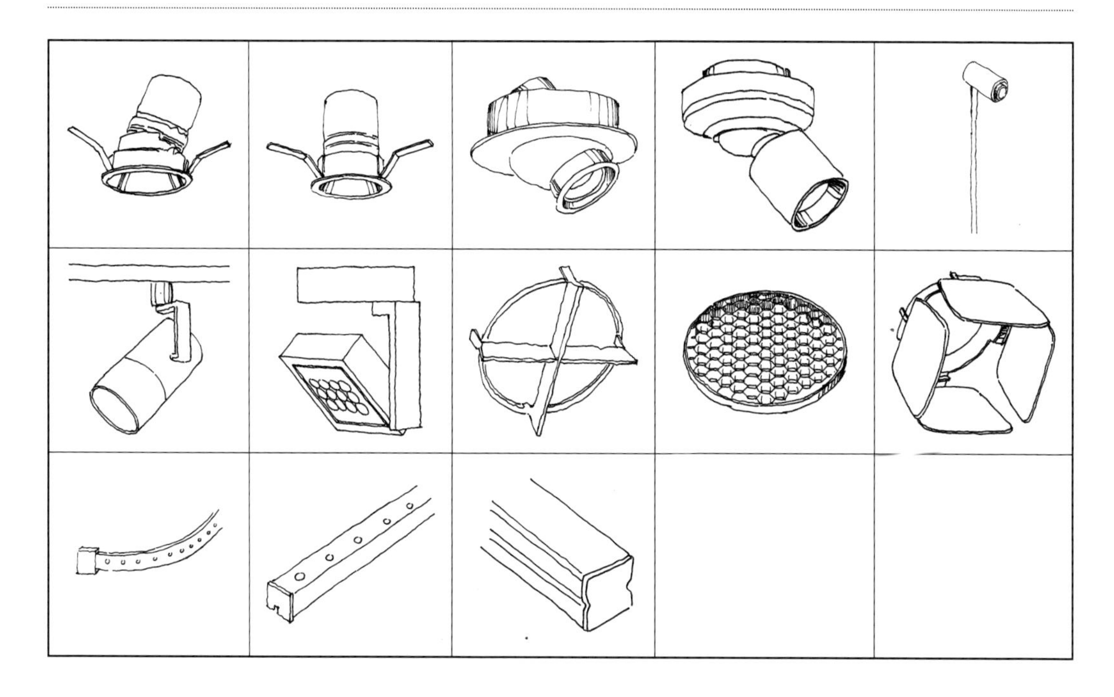

13.3 案例分析

13.3.1 邓小平故居陈列馆

“邓小平故居陈列馆”位于四川省广安市，以邓小平同志故居为核心，由“邓小平缅怀馆”及“邓小平纪念馆”两部分组成。占地约10亩，建筑面积3800m^2。

邓小平纪念馆

邓小平纪念馆坐西向东，一字排开，三个青瓦坡形屋面，三叠三起，一起比一起高，最后耸立起一座丰碑，隐喻着邓小平“三落三起”的传奇人生和丰功伟绩。室内三个展厅，灯光设计同样依循“三落三起”为概念通过灯光亮度明暗提升变化来进行演绎。空间分为非陈列区（序厅、多媒体展厅、贵宾接待室、公区通道等）及陈列区（展厅）两个部分。

序厅作为迎接观众的首个空间，是连接室内外的过渡区域，集合了人员接待、咨询服务、信息发布、起始动线等多种功能。序厅是室内空间重要的形象展示区域，也可作为展示某些重要内容的展陈空间使用，空间面积相对较大，高度较高，并拥有良好的自然采光。

公区通道主要是观众通行的动线。通道需要考虑照明的均匀性，保证通行时的视觉需求和安全性。此外，考虑到通道可以作为临时展示使用，可设置灵活的照明轨道系统兼顾两者的功能。

展厅以表现展品为主，使文物、展品、文字可以被清晰地辨识。要充分考虑到展品的保护，并参考相应的照明设计标准设定不同展品的照度值。除此之外，为了呼应建筑及邓小平“三落三起”的传奇人生特点，纪念馆三个展厅亮度依次递进。第一个展厅立面平均照度 150lx；第二个展厅立面平均照度 250lx；第三个展厅立面平均照度 400lx。三个展厅由暗到亮，也寓意着从最开始的艰困环境到最后改革开放的小康社会成果，为观众带来不同视觉感受。

多媒体展厅则为影像资料播放的需求，营造体验式的多媒体视觉场景，该区域的环境亮度最低。只在天花设置氛围的灯光，烘托气氛。

通过对空间功能、历史讲述及建筑特点的分析可梳理出不同空间在照明技术及氛围上的需求。

序厅的设计以雕像作为整个空间的开端。背景为大型浮雕墙面，画面感极强，整体空间氛围简洁不失庄严。浮雕背景墙以连续轨道灯，采取上下分段照射方式均匀的洗亮背景墙，并在浮雕自然产生不同层次的阴影效果，塑造出富有层次的空间感；邓小平雕像通过窄光束灯具重点照明加以强调，并与背景墙在亮度上形成一定的对比关系。

展厅作为展陈空间最重要的区域，主要功能是展品的展示。设计目标为营造或还原场景，增强观众的空间体验。陈列馆展厅空间外围立面做二维展板，中心位置为三维模拟实景。其中穿插实物展品。灯光设计重点聚焦实物，保证二维展板立面均匀照亮，而三维实景空间能真实还原。

照明设计分析及目标

区域	空间视觉印象	功能需求	设计目标
序厅	空间感强，拥有良好的自然采光，开敞明亮	属于室内外的过渡区域集合了接待、咨询等多种功能	需考虑自然光与人工光的结合及空间照明的均匀性，以重点照明强调空间特点及展陈需要传达的信息
公区通道	满足使用功能也作为临时展示使用	作为串联多个空间的动线及休憩区域，同时兼具立面陈列功能	考虑照明的均匀性，设置灵活的照明轨道系统满足展示功能
多媒体展厅	声光电多种元素综合运用，突出传达信息的视觉元素	观看视频为主，突出荧幕等可视面	打造沉浸式的视觉体验
展厅	文物展示区域，以立面及立体展示为主的空间，同时保有建筑空间特点	清晰地辨识文物及展品，塑造和还原展示场景，同时呈现出建筑空间特点	塑造对比度突出展品

序厅雕像及浮雕背景墙

立面展板与独立柜

文物实物重点强调

三维实景空间还原

三维实景空间还原

缅怀馆的展厅以模数化作为基本设计语言，所有展板和展柜均在相同的模数内进行。展厅天花为人字形屋顶，存在高低差，虽然展示是放射状的平面布置，但轨道系统则是结合了建筑原有天花结构，同室内建筑元素形成一定的逻辑关系。

透过精确的计算与推敲每个灯照射在展板上的光斑大小以及光斑之间的叠加关系，找到最合适的灯具配光及安装位置以满足展陈需求。

缅怀馆的多媒体展厅运用了现代声光电手法，模拟出一代伟人邓小平的心路历程，整个展厅被环形银幕包围，营造身临其境的感觉，灯光设计运用光纤模拟出闪烁的星空，并在亚克力座椅内部安装 LED 点光源，忽明忽暗仿佛烛光的摇曳闪烁，使人仿佛身在夜晚的大海仰望星空，最后影像结束前，空中一道光束照射在邓小平的座椅上，突出主题性，形成多场景的变化。

在缅怀馆局部位置的通道，既是功能空间又是展示场景，形成一个整体。忠实还原邓小平故居的灯光氛围。利用建筑假窗的造型和灯光相结合，采用灯箱形式模拟出日光透进室内的感觉，并搭配不同色温 LED 及控制设备，让通道空间在不同时段呈现不同表情和氛围的环境光。

缅怀馆展厅

缅怀馆实景展区日光模拟

缅怀馆多媒体展厅

14

剧院空间

14.1 剧院空间概述

14.1.1 剧院空间界定

14.1.2 剧院空间照明意义与目的

14.1.3 剧院空间照明要点

14.1.4 剧院空间照度、色温需求概述

14.2 剧院空间照明方式与手法

14.2.1 公共空间

14.2.2 观众厅

14.2.3 舞台区

14.2.4 后场区

14.2.5 常用灯具

14.3 案例分析

14.3.1 乌镇大剧院

剧院空间

图 14-1　中国国家大剧院

图 14-2　哈尔滨大剧院

14.1　剧院空间概述

14.1.1　剧院空间界定

剧院是指特定的、由永久性建筑体构成的表演场所，专门来表演戏剧、话剧、歌剧、歌舞、曲艺、音乐等文娱节目的地方。例如中国国家大剧院、哈尔滨大剧院（图 14-1、图 14-2）。

14.1.2　剧院空间照明意义与目的

满足观演需求；
营造观演氛围；
提升空间品质；
强化建筑特征。

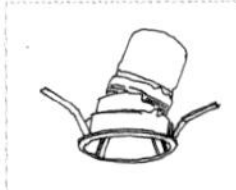

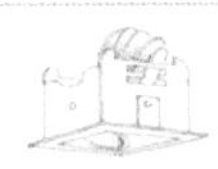
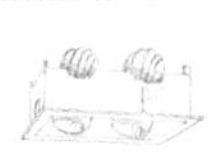

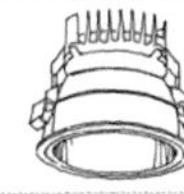
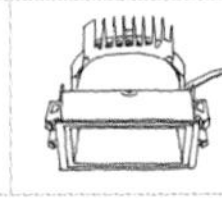
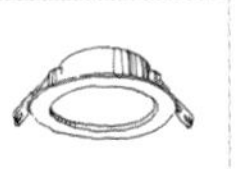

14.1.3 剧院空间照明要点

剧院空间一般由四个部分构成：

进行表演的地方——舞台或其他形式的表演空间；

观看演出的地方——观众席；

服务于演出的地方——演出人员休息、换装、道具存放的地方；

服务于观众的地方——售票厅、走廊、卫生间、休息室等。

我们称呼这四个部分分别为舞台区、观众厅、公共空间和后场区域。舞台区、观众厅属于剧院中的演出区域，而公共空间和后场区域则属于非演出区域。非演出区域主要解决各空间功能性照明问题，空间有大厅、售票厅及公共走廊等，但公共空间还应注意氛围照明营造。演出区域除了要解决各空间功能性照明问题，设计重点应放在观众席、池座部分，既要满足功能照明需求还要与室内装饰设计相结合，营造良好的空间氛围。

需要特别注意的是，舞台上方用于表演的灯光是由舞台灯光设计专业完成，而舞台上方用于基础照明的灯光则是由照明设计师来完成的。此外剧院的使用功能比较复杂，要特别注意场景模式的设计。通常情况下非演出区域可分为：平日模式、节能模式、深夜模式；如果非演出区域，例如入口大厅，有与建筑室外照明相呼应的灯具，可以酌情增加节日模式，使室内和室外的灯光氛围更加协调。而演出区域则可分为：欢迎模式、表演模式和清扫模式；如果在演出中有中场休息的时段，演出区域可以单独设置中场模式或休闲模式。

14.1.4 剧院空间照度、色温需求概述

舞台区的照度标准以满足日常清扫、道具码放、设备维护为使用前提，地面平均照度约为 200lx，色温为 3000K。

观众厅的照度标准以满足观众正常通行、日常清扫、设备维护为使用要求的，地面平均照度约为 200lx。色温为 3000K。

公共空间的照度要求根据使用功能略有不同，在观众到达剧场大厅后往往需要购票、换票、集合和等候。一般来说售票厅的照度最高，其次是门厅和休息室，再来是走廊和卫生间。公共空间的光源色温在 3000 ~ 4000K 之间。

后场区的照度要求根据使用功能略有不同，其中化妆间等需要精细作业的地方照度要求较高，照度建议为 500lx。服装间、道具间和排练厅照度略低，照度建议为 300lx。化妆间、服装间、排练厅的色温与舞台区色温保持一致，色温为 3000K，而办公室色温则建议为 4000K。

14.2 剧院空间照明方式与手法

剧院空间根据上述分类，可分为舞台区、观众厅、公共空间和后场区域。而每个区域都有着自己独特的功能（图 14–3）。

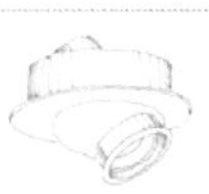

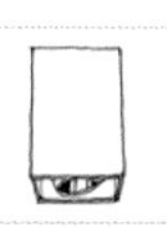

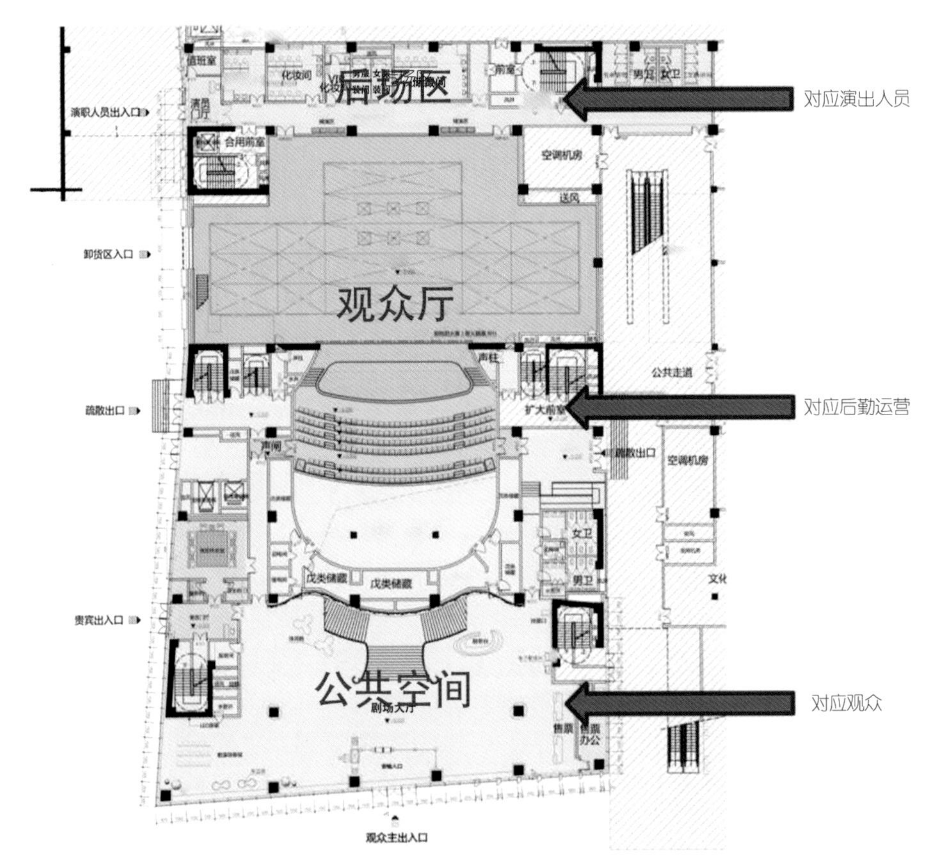

图 14-3　剧场空间布局平面图

14.2.1　公共空间

门厅（大厅）

门厅是剧院形象的重要展示区域，通常空间挑高较高，营造明亮通透的效果，塑造标识感。灯光设计应优先满足门厅地面基础照明，地面平均照度标准为 250lx 左右，天花灯具布置应与天花造型有机结合，也可以采用装饰吊灯等装饰性强的灯具作为主要照明，同时起到引导和分散人流的作用（图 14-4）。

售票大厅

售票大厅通常需要有明确的灯光指示引导。除大厅本身的基础照明外，应优先满足售票大厅贩售票桌面的照度要求，工作面照度为 350lx。天花灯具布置延续门

图 14-4　哈尔滨大剧院小剧场大厅

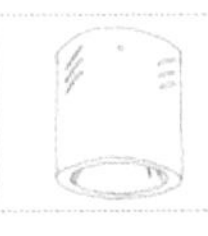 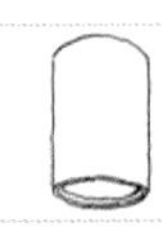  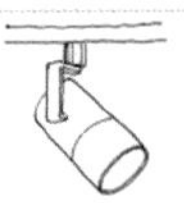 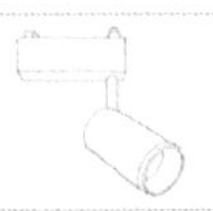 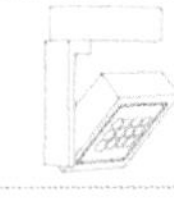 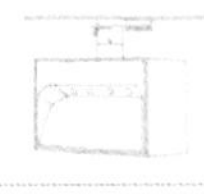 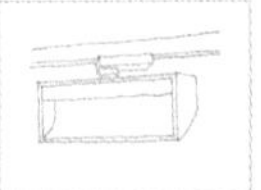

厅布置原则，应与天花造型结合形成完整的设计风格（图 14-5）。

图 14-5　售票处灯光布局示意图

公区走廊

公区走廊是剧院引导及疏散人员通道，通常需要有明确的灯光指示引导。走道地面平均照度为 200lx。除满足公共通道地面的基础照明外，可根据天花造型搭配发光膜、间接灯槽、筒射灯等不同形式的灯光手法。

在一些不具备嵌入条件也不能明装灯具的公区走廊，可以用发光膜解决基础照明问题。发光膜里面可藏 LED 线型灯具或 LED 点状灯具均匀布置，要求发光均匀和无暗区。发光膜内部建议做到光源离表面至少 300mm。需要注意的是发光膜因安装空间尺寸限制，可能造成功率密度较高，空间整体环境照明比较亮的情形，因此建议设置调光设备将灯光调整到合适的亮度（图 14-6）。

间接灯槽可使走廊空间看起来更为干净，更具有引导性。灯槽应重点考虑灯槽水平和垂直开口的尺寸以达到最好的出光效果，同时应考虑灯具侧面挡板的设置，避免灯具外露的情形，最后选择功率适合的 LED 灯带，常用功率为 10W/m、15W/m 左右，可根据天花高度及空间大小考虑功率大小或采用多排 LED 灯带的布置方式（图 14-7）。

在一些特殊的公区走廊要求天花整洁，灯具不得外露的时候可以搭配间接灯槽及暗藏射灯的手法对立面进行补光。此做法的好处除了天花更为简洁干净外，射灯也可以增强墙面的照度，使得墙面更为突出，在单面墙走廊使用会有更好的视觉效果。暗藏灯具的内部空间尺寸要根据灯具尺寸预留，确保灯具有充裕的空间调整照射角度（图 14-8）。

在走廊设置筒射灯是最常见的做法，大致分为下照筒射灯和可调节角度筒射灯两类，视空间功能需要设计。走廊立面没有过多装饰时可选用下照型筒灯，均匀布置；走廊立面有装饰艺术品则可以选用可调节角度筒射灯照亮艺术品。根据空间高度，常用功率为 15W、20W、25W，而常用出光角度为 36°、45°、60° 等（图 14-9）。

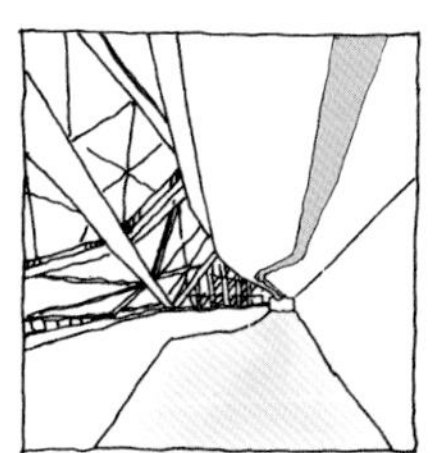

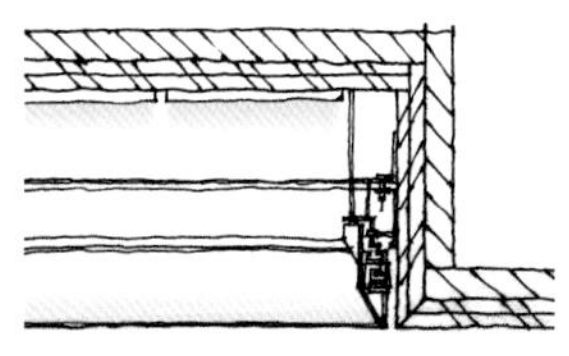

图 14-6　发光膜做法

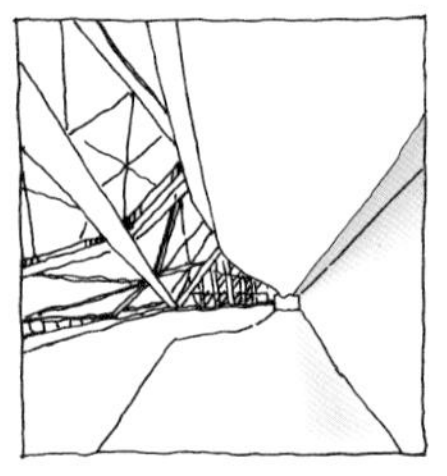
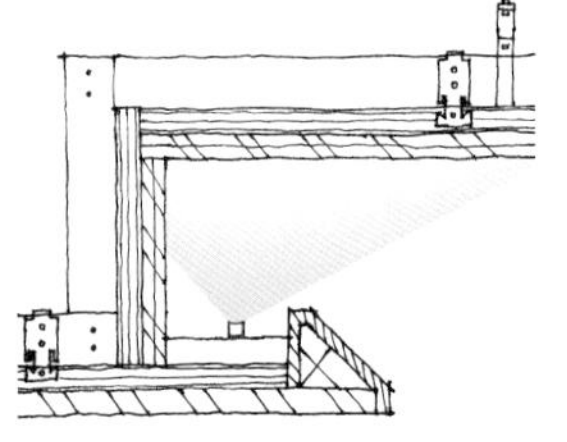

图 14-7　间接灯槽做法

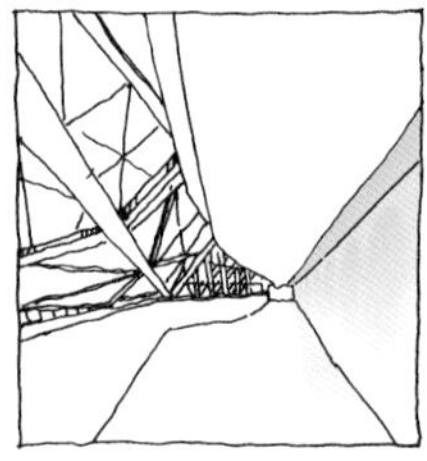
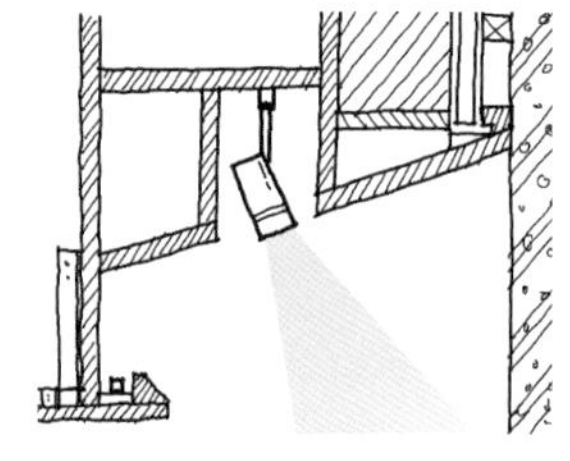

图 14-8　间接灯槽 + 射灯做法

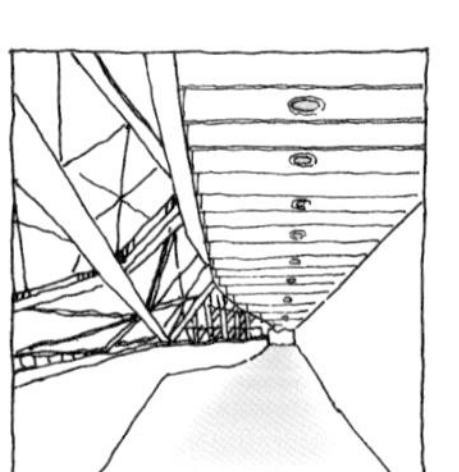
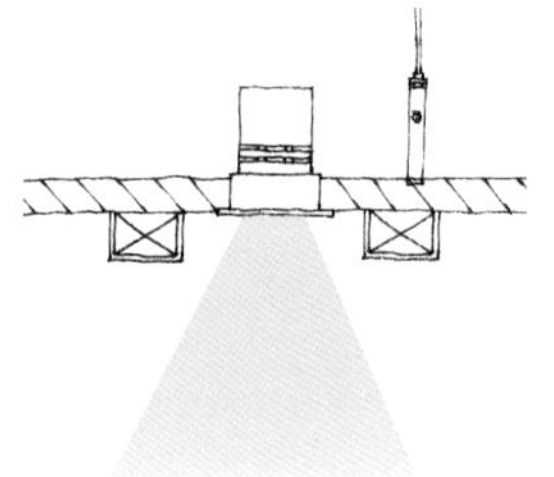

图 14-9　嵌入式筒射灯做法

卫生间

此空间主要满足地面的基础照度，保证使用的安全性，地面平均照度为 200lx。除此之外，应能够强调洗手台的平面照度并补充面部的灯光，台面平均照度为 500lx。

休息室

休息厅是剧院客人休息的区域，灯光以柔和舒适为主（图 14-10）。地面平均照度为 250lx，天花可采用装饰吊灯、间接灯带等手法，增加室内的空间氛围（图 14-11）。

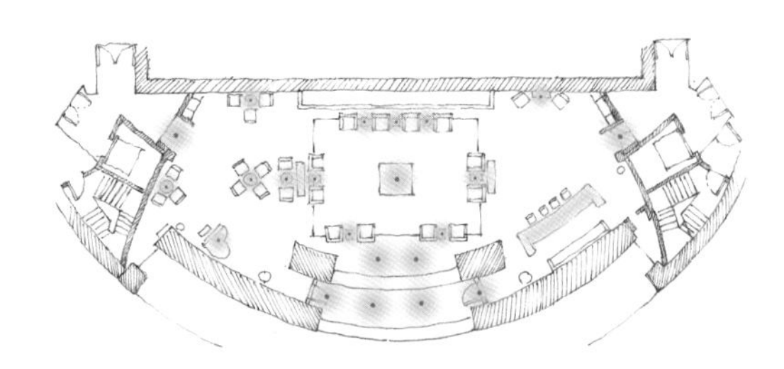

图 14-10　休息室灯光点位布置图及效果

图 14-11　贵宾休息室

14.2.2　观众厅

观众厅是剧院空间最主要的区域，而根据其使用内容的多变，空间需要满足不同需求，也形成了观众厅独特而复杂的上下及水平组合而成的空间（图 14-12）。观众厅根据建筑、室内设计及表演形式等不同因素，产生了多种不同的空间形式（图 14-13）。

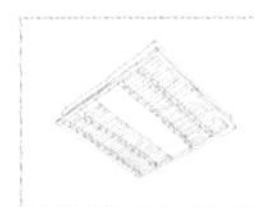

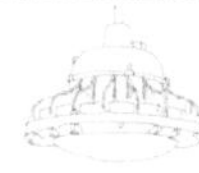
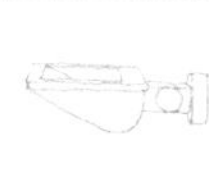

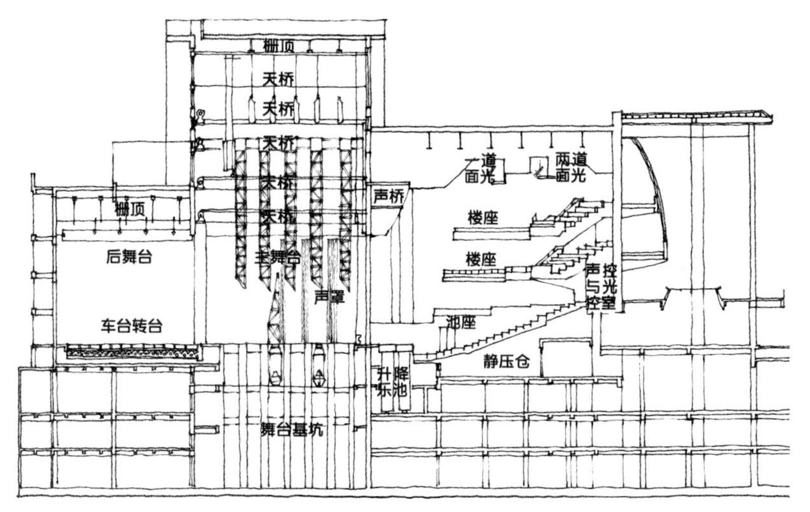

图 14-12　剧院空间剖立面示意图

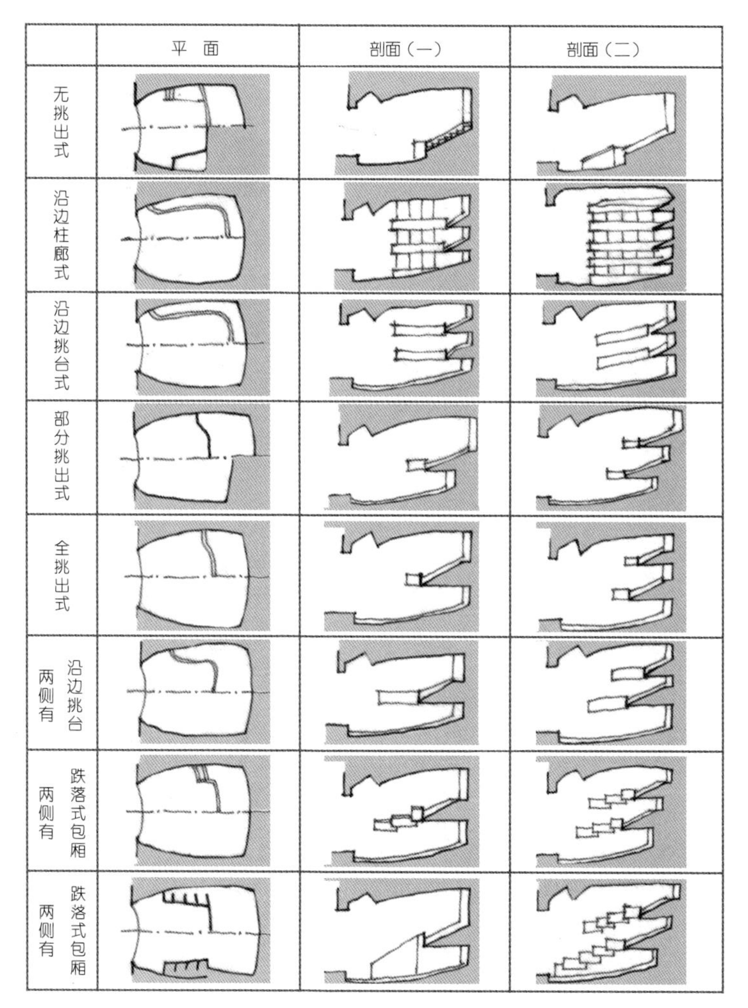

图 14-13　观众厅多种空间形式示意图

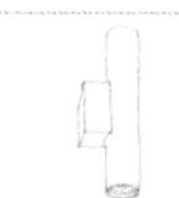
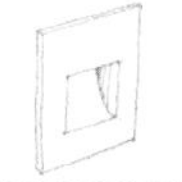

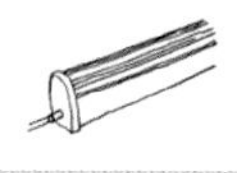
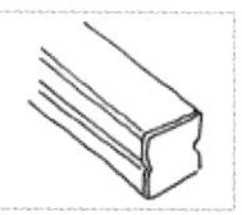

观众席

观众席区域照明形式多样，除了满足基础照明外，主要配合室内装饰设计风格选择合适的灯光手法，使观众席区域获得均匀的照度并保证了好的装饰效果与氛围。另外，观众席的照明还应该考虑地面灯光系统，在台阶或座位下面应该有引导性照明，满足在表演时灯光昏暗的环境中，也能顺利通行（图 14-14）。

此区域主要采用下照及可调式筒射灯，并根据天花结构不同选择嵌入式或明装式的灯具。一楼观众席和二楼以上观众席所选灯具有细微差别，主要根据两个区域的不同高度来选择不同的功率和光束角。需要通过照度计算模拟以保证整体平均照度达到 250lx（图 14-15）。

图 14-14 观众席

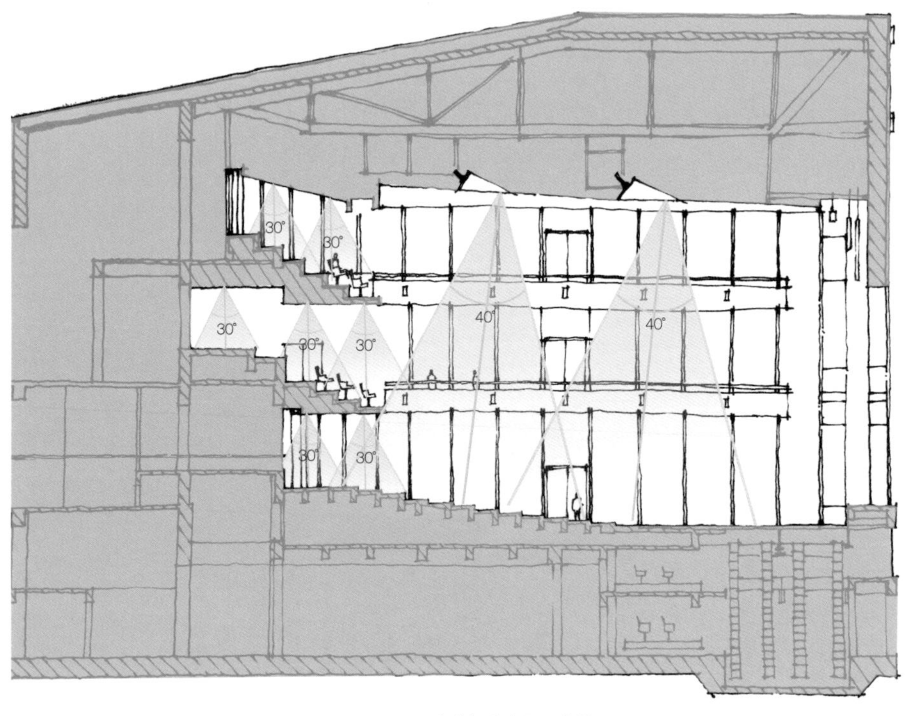

图 14-15 观众席灯光布局示意图

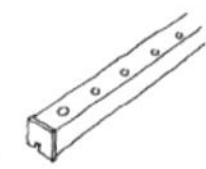

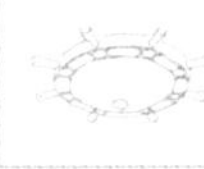

观众席立面是最容易被看见，也是室内设计师最容易表现设计主题的地方，常见的有线性间接灯槽、背发光装饰墙面、装饰壁灯等做法。间接线性灯槽可起到造型效果外，同时发出的光线晕染也较柔和（图 14–16）。这种做法需要注意灯具的隐蔽及眩光问题，同时达到出光顺畅，不出现很生硬的截光线条。应根据凹槽设计条件将灯具隐蔽，遮光角控制在人视线不触及的角度，通过二次反射将光晕呈现开来。主要使用线型 LED 灯带，功率通常为 12W/m 至 15W/m（图 14–17）。

图 14–16　观众厅立面间接灯槽效果

图 14–17　间接灯槽节点图

背发光墙面的间接照明表现是另一种常见的手法，可创造出更多变的视觉效果，也能提供室内设计师能更大的发挥空间。可根据设计主题来设计镂空图案，在镂空处做半透光背衬板（图 14–18）。也可使用光纤作为发光源，便于后期维护（图 14–19、图 14–20）。

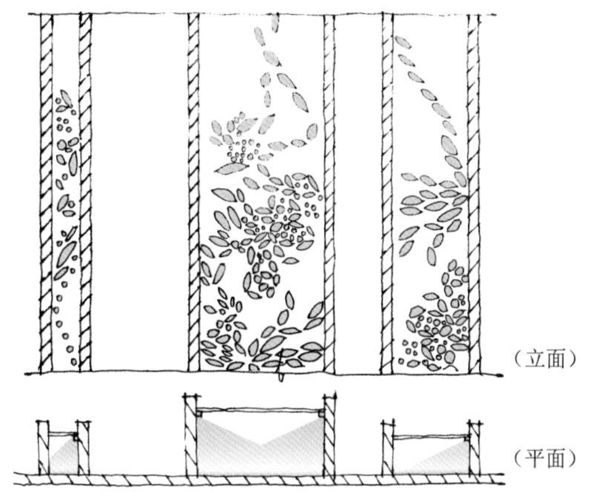

图 14–18　镂空板背发光做法立面及平面示意图

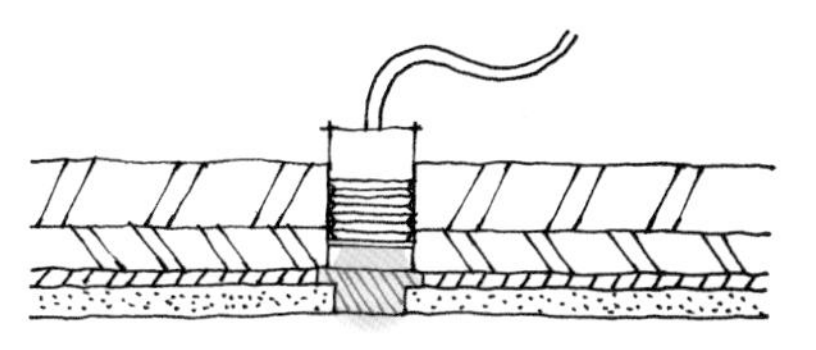

图 14–19　光纤安装节点图

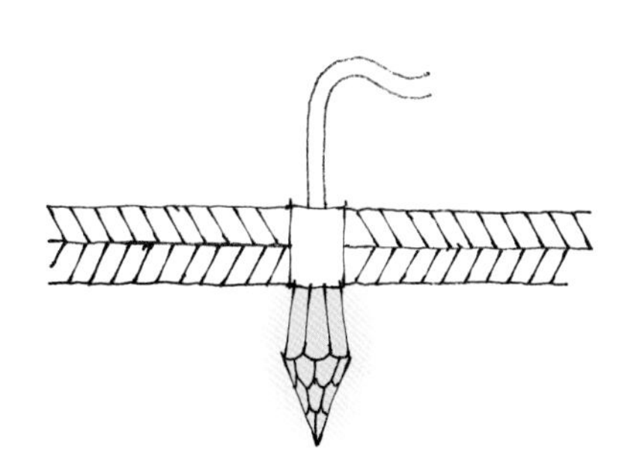

图 14–20　光纤星空灯节点图

除了墙面外，天花也可以使用类似做法，使用光纤灯形成星星点点的星空氛围（图 14–21）。

图 14–21　观众厅星空灯光氛围

走道

观众席走道应设置功能性照明，以保证观演的人群行走安全，尤其是在演出中，现场环境较暗的时候，此部分的灯光将起到至关重要的功能。常用做法在台阶处安装阶梯灯或在靠墙的阶梯墙面设置嵌入式阶梯灯或壁灯（图 14–22）。目前市场上还有将功能性照明与座位标号引导性照明相结合的产品，既能为走道提供功能性照明，又方便观众迅速找到自己的座位。需要注意的是无论在演出开始前后还是演出中，此部分的灯光都需要开启，应设置独立的控制回路单独控制。

当剧场还兼做其他类型活动会场使用时，现场还应该在观众席上方设置追光灯，为演讲、主持及其他活动需求考虑，并在观众席后方的设备房为投影机预留充足的条件（图 14–23）。

图 14–22　阶梯灯具设置

最后需要注意的是观众席的灯光应具备调光功能，在演出开始前灯光渐渐暗下来，引导观众调整情绪并聚焦舞台。而在演出中场休息或结束时，灯光可渐渐亮起来，使观众慢慢适应亮度变化。

由于观众席区域一般挑空高度大，且阶梯状的座位区，灯具不便于由座位区更换，因此灯具应能满足由灯具背后更换维修或天花设置能开启并实现天花内部更换维修的做法。当然由于更换不便，应选择品质较高的灯具。

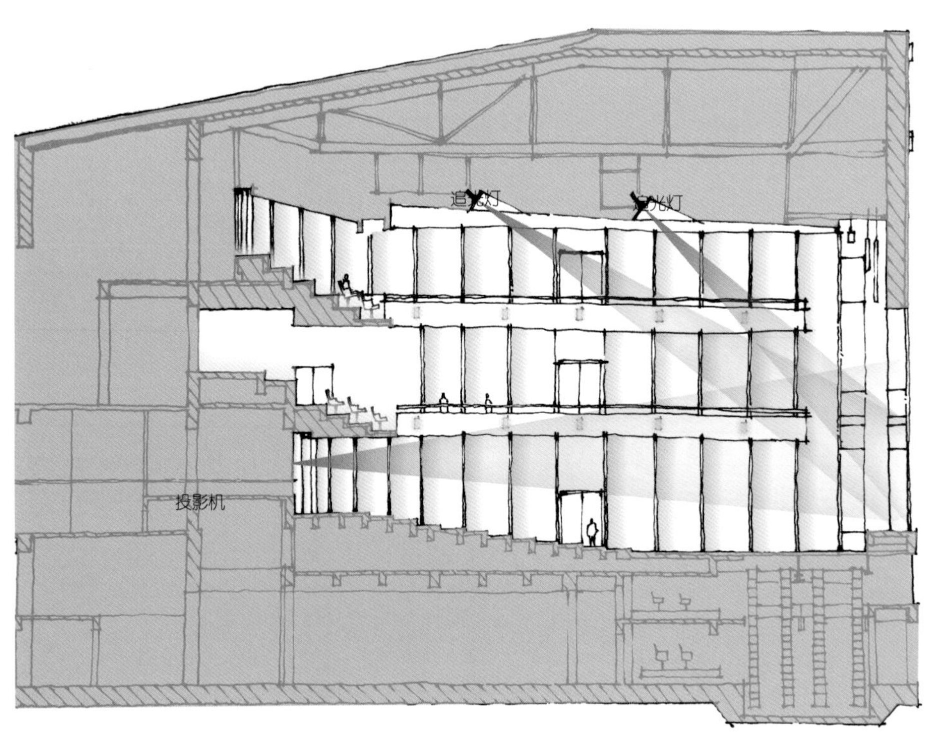

图 14–23　设置追光灯以满足不同活动需求

14.2.3 舞台区

主舞台

舞台上方用于表演的灯光是由舞台灯光设计专业完成的，而舞台上方用于基础照明的灯光、舞台两侧及舞台后方通道的灯光则是由照明设计师来完成（图 14-24 ~图 14-26）。这三个区域的灯光通常是分开进行控制的。演出时舞台上方的基础照明关闭，舞台两侧的灯光开启供演员使用；演出结束后或清扫模式中舞台上方的基础照明开启，舞台两侧的灯光全开或者半开；舞台后面的通道视使用情况开启或关闭。

图 14-24 广州大剧院主舞台

图 14-25 佛坪县旅游文化服务中心剧院主舞台

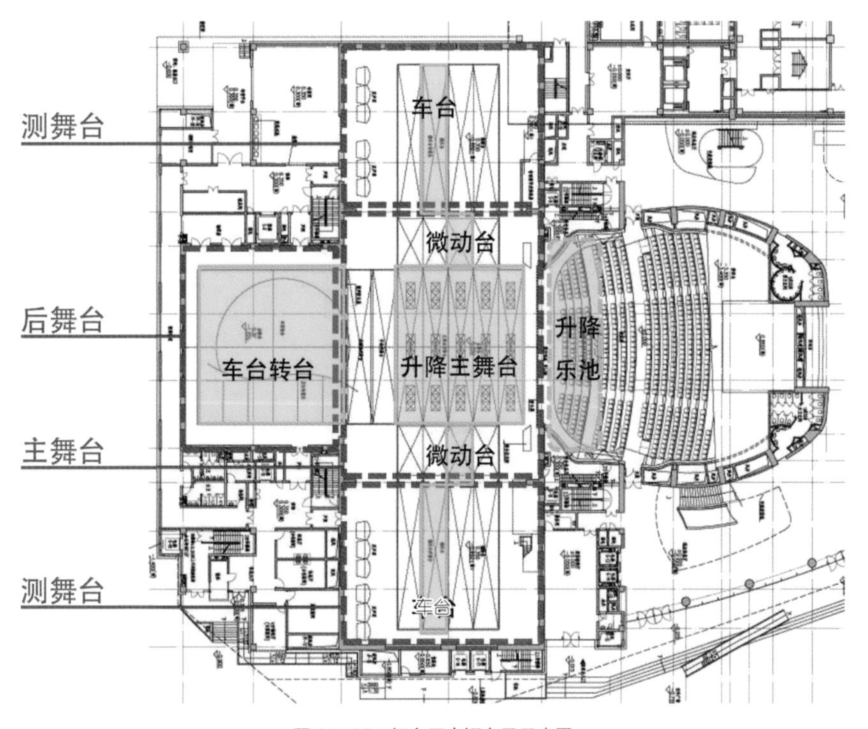

图 14-26 舞台区空间布局示意图

14.2.4 后场区

化妆间

化妆间根据剧场规模大致分为 VIP 化妆间和大型化妆间。灯具布置简洁，重点照明在台面及镜前区域，既要重视水平照度，又要兼顾垂直照度。化妆间显色指数要求应不低于 Ra95，台面水平照度为 500lx（图 14–27）。

图 14–27 化妆间灯光氛围

服装间

服装间主要用来存放戏服，灯具布置手法可参考一般库房，主要以功能性照明为主，灯具选择以经济实用为主。地面平均照度 300lx，色温在 3000K ~ 4000K 之间。需要注意的是，戏服存放以悬挂为主，应同时重视水平及垂直照度（图 14–28）。

图 14–28 服装间

排练厅

排练厅主要用来满足日常排练、训练等功能，灯具布置手法需要结合室内装饰造型和天花造型。如果立面和天花无过多造型，可采用一般灯具布置手法。常用灯具为筒灯和灯带，灯具选用以经济实用为主。地面平均照度 300lx，色温以 3000K 为宜。考虑到日常使用及排练厅尺度大小，可设置为全开模式、半开模式和清扫模式，满足不同场景需求（图 14–29）。

图 14–29 广州大剧院排练厅

14.2.5 常用灯具

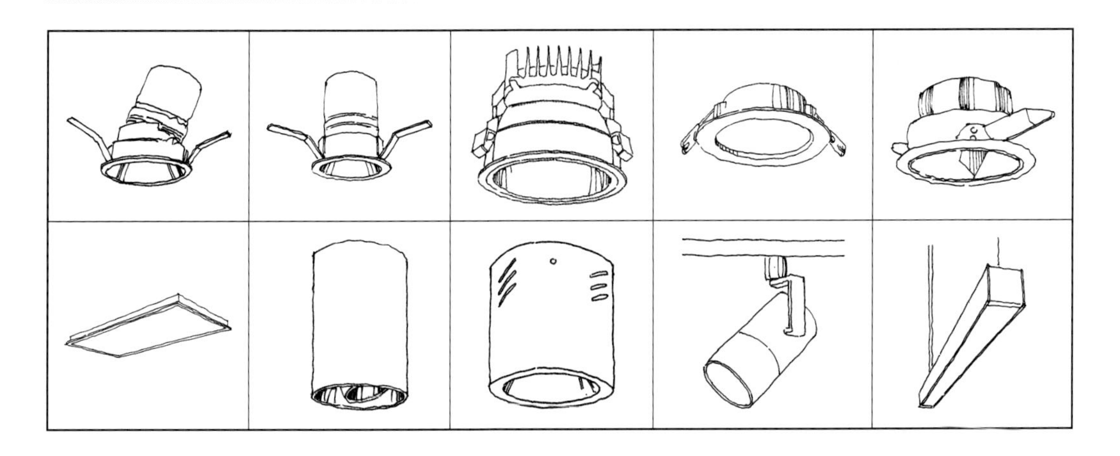

14.3 案例分析

14.3.1 乌镇大剧院

乌镇大剧院位于浙江省嘉兴市桐乡市乌镇西栅景区内。乌镇古名为乌墩、乌戍。处于河流冲积平原，沼多淤积土，故地脉隆起高于四旷，色深而肥沃，遂有乌墩之名。在乌镇这座充满浪漫主义情怀的传统江南水乡，孕育了一座同样浪漫唯美的乌镇大剧院。建筑设计灵感是从并蒂莲意念生发，一虚一实的两个椭圆巧妙结合，交替重叠处便是公用舞台空间，在满足空间机能需求的同时也蕴含了喜庆蓬勃的意义。

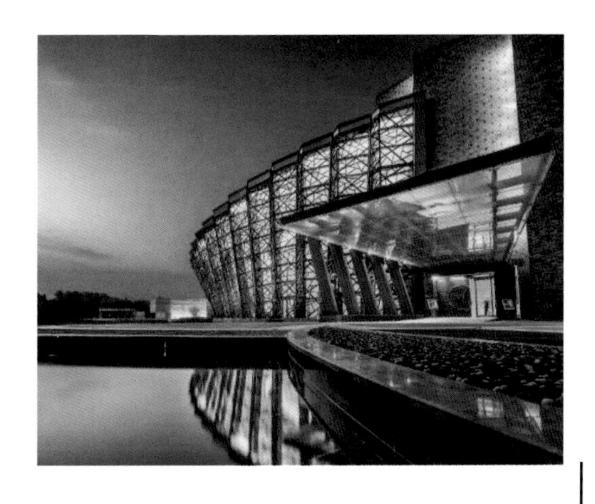

剧场占地面积 54000m^2，主体建筑面积 21384m^2，地下 1 层，地上 7 层。拥有一个大型剧场和一个中型多功能剧场。剧院外部以厚重京砖及老船木冰裂窗棂装饰，古朴沧桑的外观与历史悠久的江南水乡小镇相映成趣。一个具备了最现代化功能的剧院与 1300 年历史的江南古镇和谐共存，大剧院以她的绰约风姿赢得了“梦剧场”的美誉，同时也是乌镇戏剧节的主要活动场所。

白天阳光下的乌镇大剧院现代感与复古感兼具；夜间被灯火包围的乌镇大剧院又仿佛带上了一层神秘面纱。剧院为三层观众席结构，高度约 15m，台口至观众席第一排约 26m 距离。大剧院平面建筑结构为马蹄形，立面装饰采用了江南水乡传统蜡染织布的元素及色彩，独具地方特色。

灯光由此产生了天花的设计灵感，运用光纤技术在顶部勾勒出织布的纹样，与立面的装饰板相互呼应，使整个观众席沉浸在江南独有的文化氛围中。立面装饰板位置采用二次反射灯槽设计，将光线晕染开来，层层叠叠好似花瓣，暗合建筑并蒂莲的设计主题。

观众席顶部锯齿状的设计，巧妙地将灯具隐蔽其中，一组为舞台补充照明，一组为观众席提供照明。“建筑是一个感情的容器。”建筑师强调地域性是设计的根本，所以花了大量的心思在观众席的立面装饰设计上，希望借此表达一个不一样的空间环境。使水乡的元素、中国的文化基因充分展示出来，而灯光使得这个盛满感情的容器更具表现力。

乌镇是一个“楚门的世界”，没有原住民，街上没有超市，看不见当地小孩；街边的房子都是商店，人们早晨来上班，晚上离开这里，这个小镇似乎是为戏剧而生的。而剧场建筑本身也是一出戏，在不同场景的灯光下来回切换，如同梦幻，这大概就是灯光加持建筑的魅力。

15

图书馆空间

图书馆空间

15.1 图书馆空间概述

15.1.1 图书馆空间界定

图书馆，早在公元前 3000 年时就已经存在，源于保存记事的习惯。逐渐伴随社会发展演变成集保存记事、搜集、整理、收藏图书资料以供人阅览、参考的学术性机构。

图书馆的分类主要有综合性图书馆、主题性图书馆、数字化图书馆、媒体图书馆等。

综合性图书馆是我们最常见的一个类别，主要内部书籍资料涵盖各个领域，没有比较局限的使用人群，如首都图书馆、斯图加特市立图书馆；主题性图书馆则是根据主题进行分类的，相对来说面对的人群较为固定，且内部书籍资料也会十分专业，如中国艺术研究院图书馆、韩国 Music Library+Understage 多功能音乐图书馆等；随着新时代的发展，也逐渐出现数字高新产物，如数字化图书馆、媒体图书馆等。

15.1.2 图书馆空间照明意义与目的

塑造品牌独特的个性；
增进到访者视觉感受；
营造舒适的学习氛围；
触发强烈的求知欲望。

15.1.3 图书馆空间照明要点

图书馆是个可以长时间停留的公共场所，因此需要考虑大多数人的使用感受，尤其是大众常接触的综合性图书馆，整体灯光环境氛围原则以舒适、明亮、均匀为主。而主题性的图书馆一般规模较小，自身的专业学术性就更强，照明可根据图书馆主题，设置搭配的灯光设备与系统，以营造相应的灯光氛围。

灯光设计应结合空间属性、使用者需求及感受。图书馆常规情况下为独栋的公共场所，并且在建筑设计初期都会考虑白天采光的效果，自然光中的全光谱能够让人保持健康的生理和心理，也正是人健康成长必要需求，应合理利用自然光营造舒

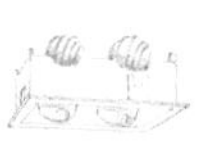
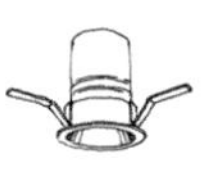
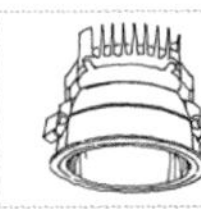
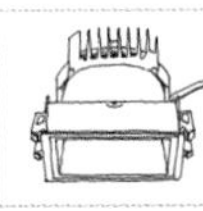

适的阅读环境。当然我们也应该考虑自然光的变化对室内空间的明暗影响，利用灯光控制系统，达到一定的能源节约的功能（图 15-1、图 15-2）。

图 15-1　天窗引入自然光

图 15-2　结合人工光与自然光的天窗使用

另外，需要考虑不同年龄段的人群使用感受，对于一般人来讲，长时间在过低或过高的照度水平下阅读容易产生视觉疲劳，而对于高龄者而言，自身视觉的感光度、敏感度都有明显下降，因此在某些特定的高龄者或视障人士使用的阅读空间应适度的提高空间中的照度值及均匀度以增加他们的阅读舒适性。除此之外，桌面应设置台灯等自行调节的照明设备，可以为阅读者提供更灵活的使用，同时也不至于影响到其他阅读者。

色温和照度在图书馆也是至关重要，在合适的光环境下，偏暖的色温能给人温馨感，却也会让人有散漫、放松感以至于容易犯困影响阅读，因此在阅读学习空间中，更多建议使用中性或偏冷的色温，可安定人的情绪，营造宁静的学习氛围，有益于进入学习状态。

15.1.4　图书馆空间照度、色温需求概述

公共服务区域

公共服务区域主要彰显图书馆空间的品牌文化，以营造其空间的设计理念为主。建议地面平均照度标准为 200lx，而色温则应按照材质色调及室内风格进行选择，如：古典欧式风格装饰可根据材质的木色以及金色采用 2700 ~ 3000K 左右的色温，营造华贵、浪漫氛围；现代风格则可根据简洁线条元素的使用以及材质的白色调采用 4000K，营造现代、时尚的氛围。

书库区域

书库区域是衡量图书馆规模的指标，也是吸引读者的重要因素，是其首要功能空间；灯光主要凸显书库上的书脊，建议地面平均照度标准为 100lx，普通书库垂直面平均照度为 250lx；特殊文献书库要考虑灯光光源对书籍材质的伤害控制照度，其垂直照度面平均照度为 30 ~ 50lx；色温建议采用 4000K。

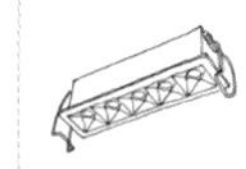

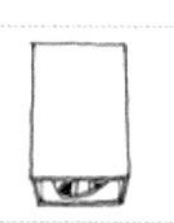

阅览区域

阅览区域照明主要考虑人在阅读时的体验感受，强调桌面的灯光效果，弱化过道的灯光，营造安静的学习氛围。建议桌面平均照度标准根据不同使用群体设为300~700lx之间，可为桌面提供基础照度，再搭配台灯或桌面一体化灯具单独提供额外所需的照度。色温则考虑阅读光环境需求，采用4000K。

15.2 图书馆空间照明方式与手法

图书馆空间基本区域类似，一般可分为公共服务区域、书库区域、阅览区域等几个大区域。当然不少特殊或主题图书馆则有其独特的区域。

15.2.1 公共服务区

入口

入口区域是空间内外界限衔接的区域、涵盖门禁功能、形象展示等的功能空间。作为室内空间第一个展示区域，是给人们传递空间的第一印象及感受，也是呈现建筑自身的识别性。因此，此区域的灯光应该给人营造一种明亮、通透的感觉。同时彰显整个图书馆的空间风格和气质，应具备视觉引导性。灯具应根据不同的设计风格结合天花、墙面甚至是地面结构以达到最好的入口展示功能（图15-3）。

图15-3　入口区域

服务台

服务台主要以总咨询台及分咨询台为主，是空间的主要分流指引区域，照明设计，除了满足服务台工作面的基本照度要求外，还需要通过照明强化视觉的识别度性，让用户更容易找到服务台的位置（图15-4）。

图15-4　服务台灯光示意图

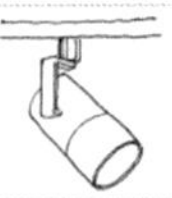
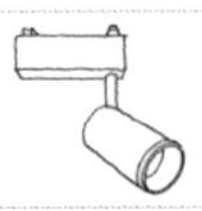

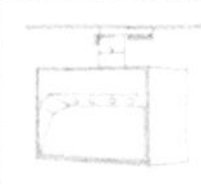
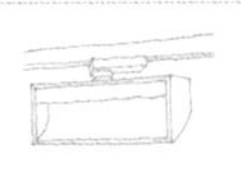

楼梯区域

楼梯作为图书馆建筑内的一个承上启下的空间“纽带”，给整个空间起到连接、美化的作用。灯光的巧妙运用能成为一个亮点，点缀图书馆空间。在满足基本照度要求并保证行走安全的要求下，可再根据楼梯造型及设计风格选择合适的灯光类型（图 15-5）。

暗藏灯带

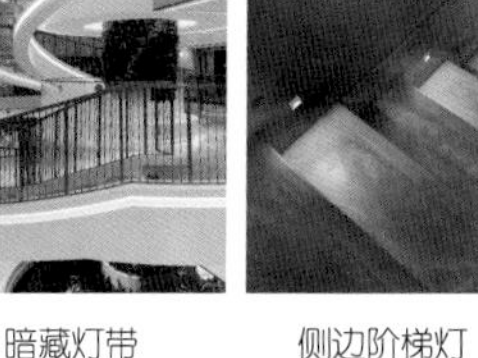

侧边阶梯灯

楼梯踏步灯带

图 15-5　楼梯灯光做法

15.2.2　书库

图书馆书库以收藏书籍以及查找书籍为主要功能，是图书馆的重要核心区域（图 15-6），而藏书量的多少代表了其服务能力的高低。灯光设计主要表现在垂直面上，让书架上的书本信息清晰可见。

书库，也就是书柜区域，照明设计主要根据书柜的排布方式而产生变化，常见的有阵列排布书柜和单排排布书柜两大类。而单排排布就是靠墙分布的陈列方式。以上两大类还根据书柜高低和需求而产生变化（图 15-7）。

图 15-6　书库

一体化线型洗墙灯

天花安装线型洗墙灯

书架暗藏灯带

图 15-7　不同书柜排列及灯光做法

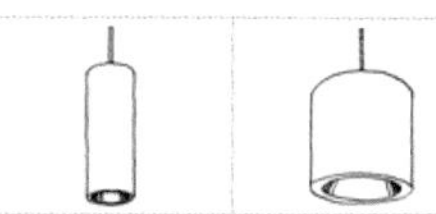
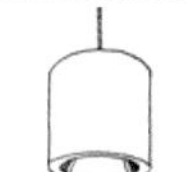

阵列式排布书库

书柜顶着天花排布时，灯具主要分布在两排书架中间，灯具建议采用嵌入式、表面安装的线型灯具或面板灯。此类灯具的优点为创造了连续性的光环境，在书柜立面不会形成有亮有暗的情形而造成阅读者在书籍选取上形成困扰（图 15-8）。

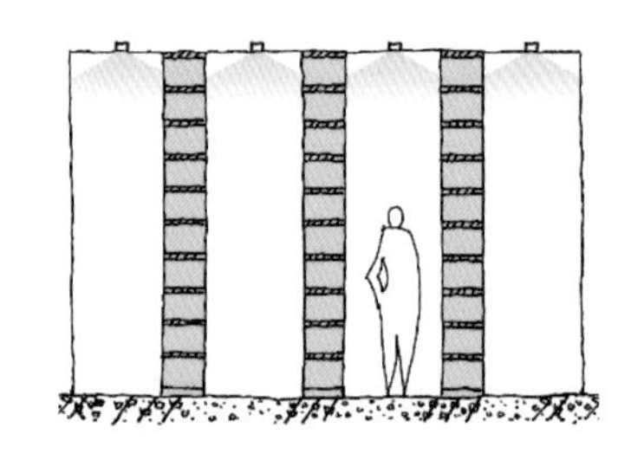

图 15-8　线型灯具布置方式

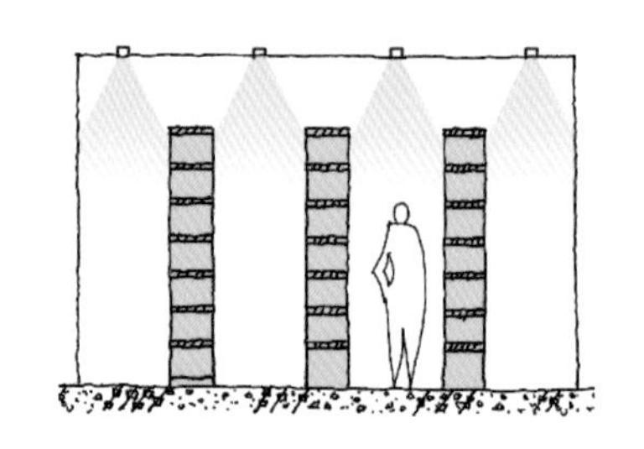

图 15-9　线型灯具或面板灯布置方式

书柜高度低于天花高度，且书柜高度在 1.5 ~ 2.5m 时，灯具则建议采用嵌入式或表面固定式线性灯具、面板灯的布置方式，另外，由于书柜和天花已有一段距离，除了上述灯具外，还可以选择大角度嵌入式或表面固定式的筒灯，但需要注意灯具排布的间距，避免间距过大形成明暗变化（图 15-9）。

天花高度较高，且书柜高度在 2.5m 以内时，天花灯具对于书柜立面照度的提供相对受到限制，可用天花灯具提供基础照度，另外在书柜增加结构安装线型洗墙灯，对书柜单独提供灯光以满足立面照度要求（图 15-10）。

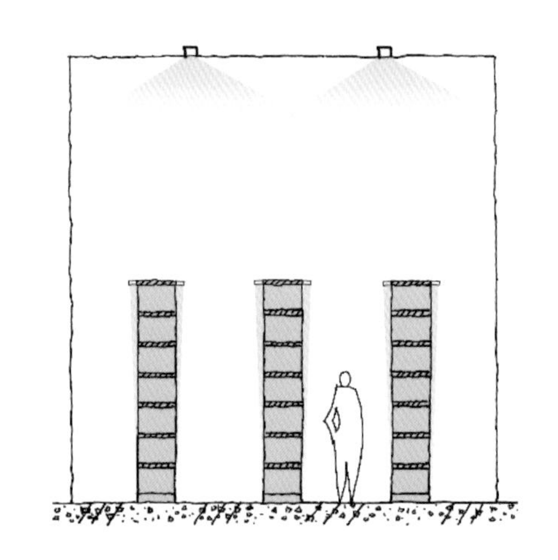

图 15-10　筒灯结合书柜线型灯具布置方式

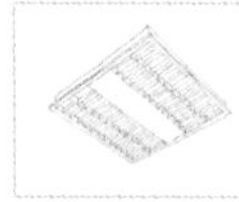

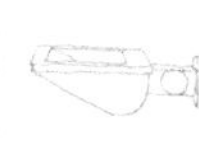

采用灯具一体化的书柜做法有其限制性，除了增加书柜制作的难度外，地面需要提供电源，不利于后期书柜的调整，可考虑采用吊装的线性灯具提供书柜立面所需的照度，但吊灯的安装高度从灯具底部距书架顶部的间距不大于 1m。如此可以很好的保证吊灯光线全落到了书柜垂直面上（图 15-11）。

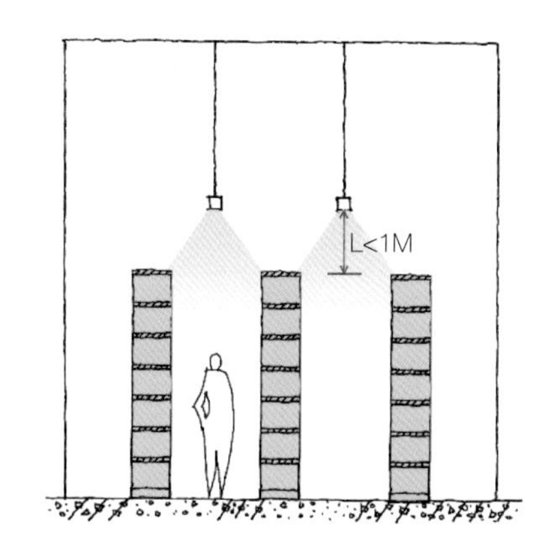

图 15-11　下照线型吊灯布置方式

上述吊灯还可采用上下出光的照明方式，除了下照光提供书柜立面所需的照度外，上照光还可照亮天花，提供空间不同的氛围（图 15-12）。

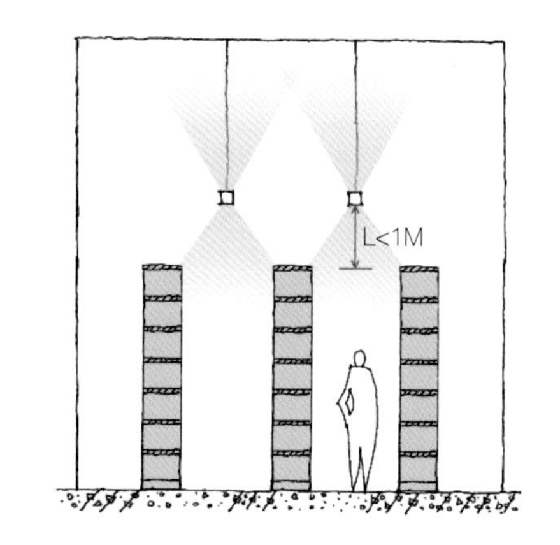

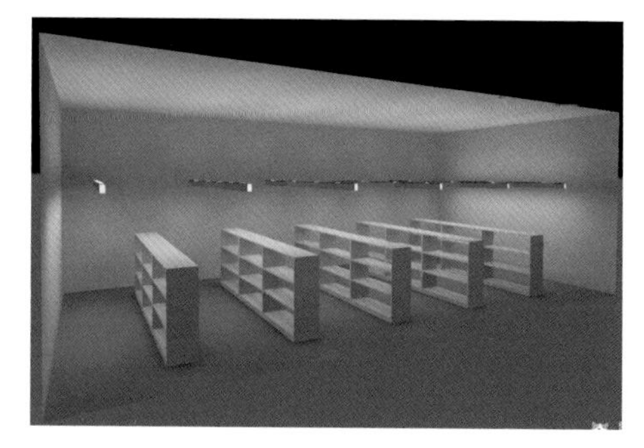

图 15-12　上下照线型吊灯布置方式

单排排布书库

单排排布基本上为书柜靠墙面分布，灯光布置除了根据书柜的排布位置外，就是由天花和书柜的高度来决定灯光做法。

当层高大于 3m 时，建议灯具选择较大角度的射灯或偏光洗墙灯的照明方式。洗墙筒灯一般洗墙效果较好的情况是离墙间距 800 ~ 1000mm 之间，两灯间距一般在 700 ~ 1000mm 之间，可根据实际产品效果优化尺寸（图 15-13）。除了洗墙筒灯外，也可根据设计需要采用线型洗墙灯来提供书柜立面照明，书本摆放尽量与柜体表面保持平整（图 15-14）。

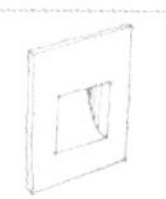

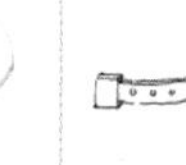
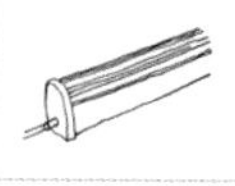
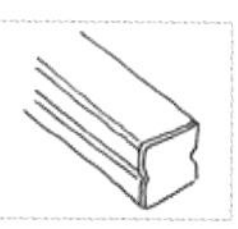

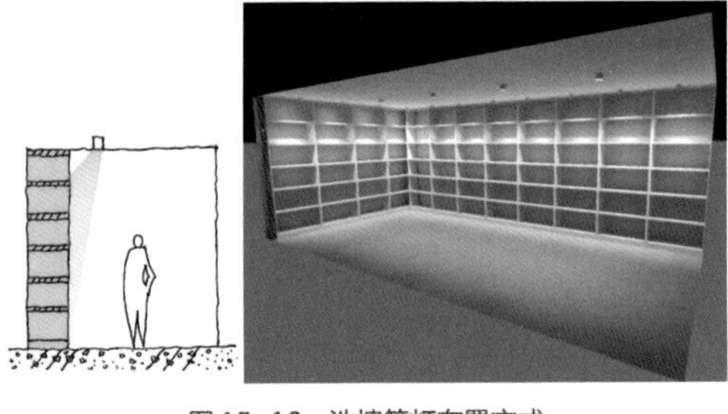

图 15-13　洗墙筒灯布置方式

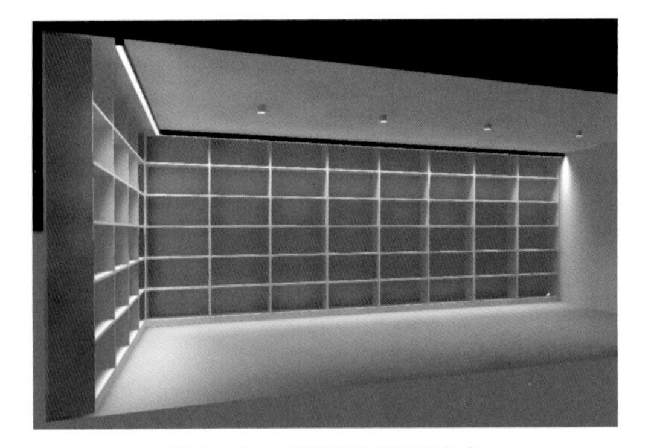

图 15-14　线型洗墙灯布置方式

当层高大过于 3m 时，单排的灯具已经无法满足书柜立面全部被照亮且都满足所需的照度时，则建议采用双排灯具的布置方式，分别提供上半部与下半部两个部分的照度需求。照射下部的灯具由于照射距离较远，角度应比照射上部的灯具角度小（图 15-15）。

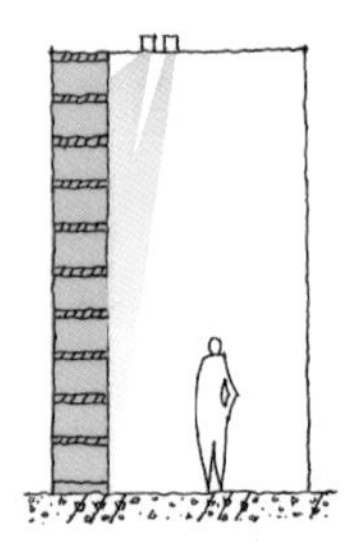
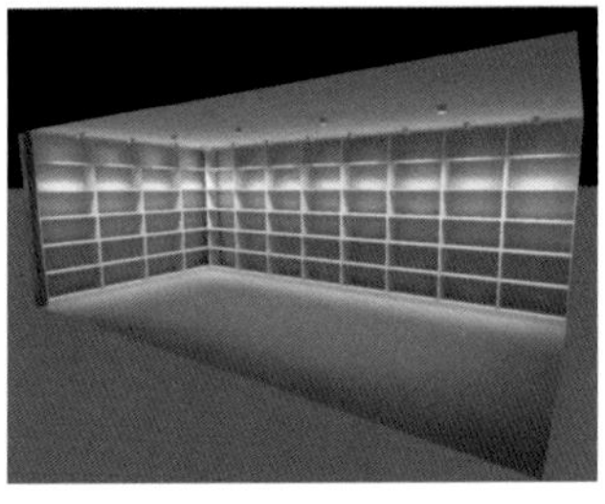

图 15-15　双排筒灯布置方式

除此之外，可采用书柜自带灯槽做法，每层打亮以满足各层所需的照度及视觉效果要求，但需要注意由于每个层板高度有限，线型灯带功率应以小功率为主，避免大面积均匀的层板照明造成明显的光污染，同时也造成能源的耗损。此做法可在任何层高的书柜设置，线性灯带应安装于书架外侧，同时注意灯具眩光的遮挡，避免过高的层板位置光源外露造成眩光（图 15-16）。

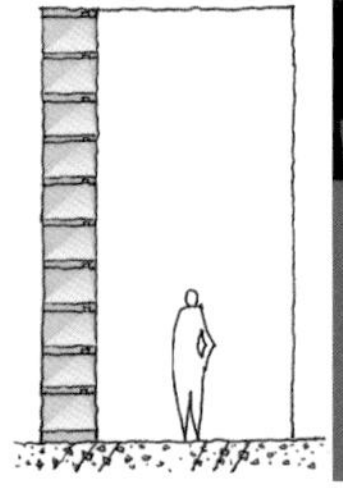

图 15-16　书柜内嵌线性灯光布置方式

15.2.3　阅览区域

阅览室或阅览区是图书馆的服务设施。阅览室面积较大，照明设计既要满足查找书籍和阅读的要求，又要保证阅读、写字拥有足够的亮度，具有极强的功能性（图 15-17）。阅览区根据桌子分布方式不同可分为以下几种类型。

图 15-17　书库相邻的阅览区

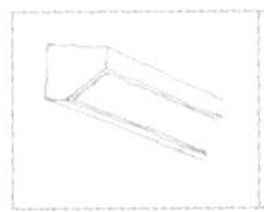
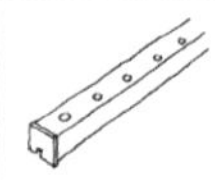

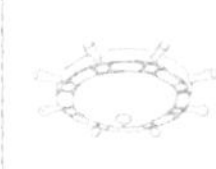

成组式阅读区

层高低于3.5m，桌子间距介于0.8～1m时，建议灯具可选择面板灯、线型灯具、宽光束角筒灯，灯具布置则采用等距布置方式，此类灯光布局可得到均匀的照度分布，适合任何布置方式的阅读区使用（图15–18）。

层高介于3.5～5m之间，桌子间距 $W \geq 1.5$m时，可采用基础照明加重点照明的混合模式，灯具采用面板灯、线型灯具、宽光束角筒灯等类型作为基础照明，并增加可调角度射灯作为重点照明，补充桌面所需的阅读照度，将灯光照射到需要的地方，可减少部分能源的浪费（图15–19）。

层高在5m以上，此类空间除上述做法外，可将射灯替换为桌面支架线型灯，以提供桌面所需的阅读照度。支架线型灯与桌面的高度应在0.6m以上同时不大于1.4m（图15–20）。

围合式阅读区

围合型的座位方式，层高大于5m时，做法基本与上述其他类型同等高度空间做法一致，桌面则可使用台灯搭配使用（图15–21）。

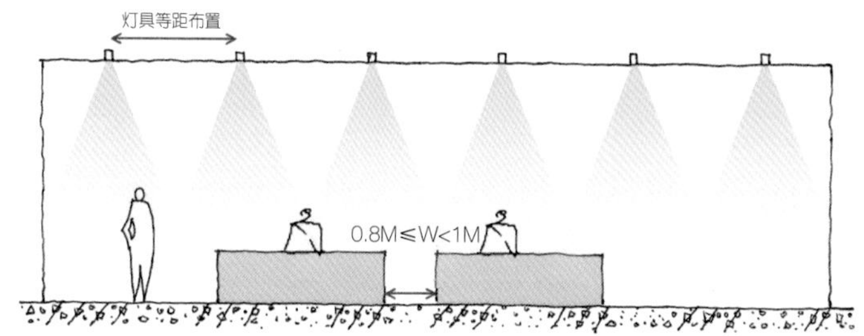

图15–18 阅览区灯光布置方式（一）

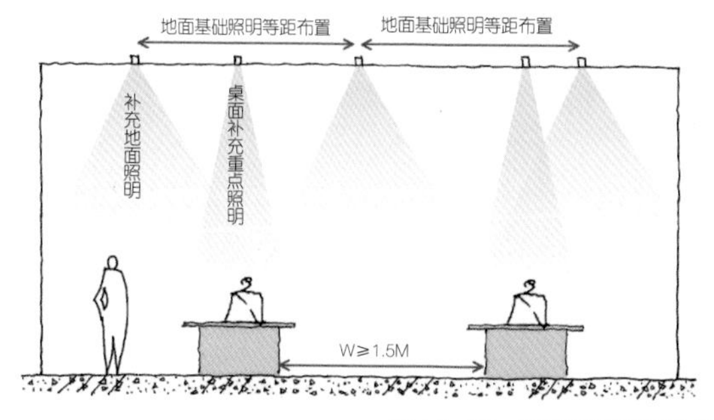

图15–19 阅览区灯光布置方式（二）

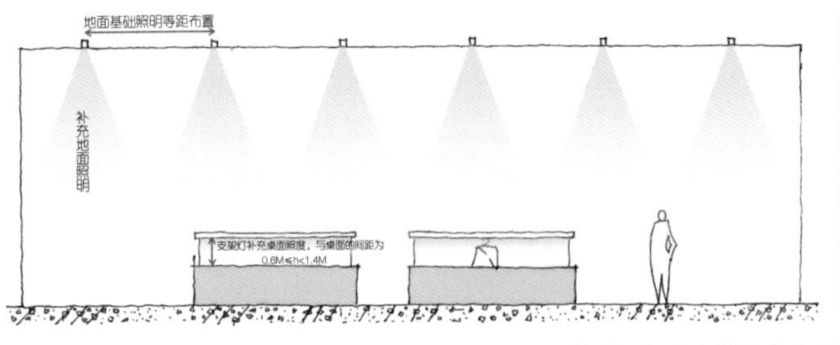

图 15-20　阅览区灯光布置方式（三）

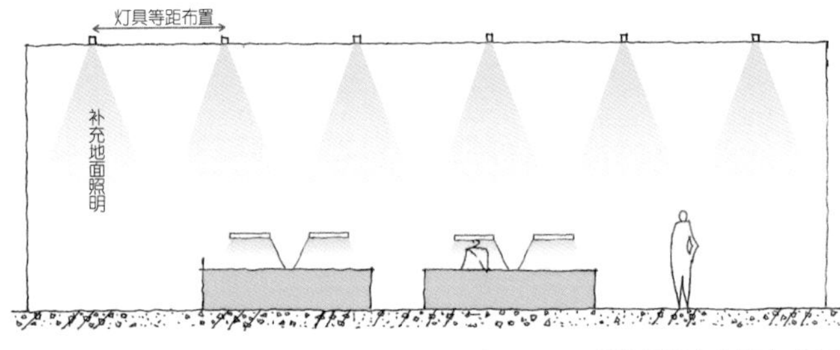

图 15-21　阅览区灯光布置方式（四）

阶梯式阅读区

此类阅读区使用者没有正襟危坐，坐姿相对随性，灯具与其他类型相同，灯光以均匀为主（图 15-22）。

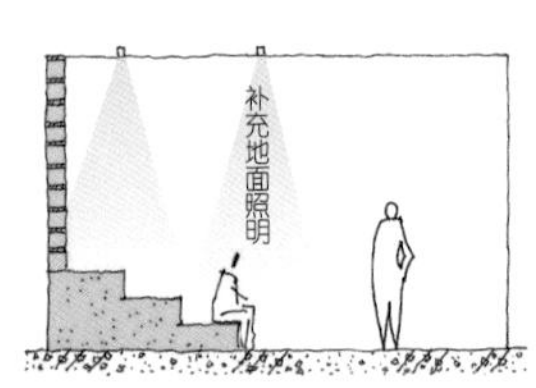

图 15-22　阅览区灯光布置方式（五）

15.2.4　研修室（自习室）

图书馆研修室的主要功能是供读者看书学习的私密性较高的空间。灯光设计更强调的是营造空间的私密度和强化学习的集中力度。

格子间自习室

格子间的灯光要弱化空间的封闭性，加强书桌的亮度，强化学习空间的氛围。当层高 > 3m 可采用台灯或壁嵌射灯的照明方式；若层高 ≤ 3m 时可采用嵌入式射灯补充桌面灯光（图 15-23）。

图 15-23　格子间自习室灯光布置方式

卡座自习室

卡座应加强书桌的亮度，强化学习空间的氛围。灯光可安装于卡座的层板上，形成桌面较好的学习氛围灯光，满足功能需求的同时，降低对周边环境的影响（图 15-24）。

图 15-24　卡座自习室灯光布置方式

15.2.5　常用灯具

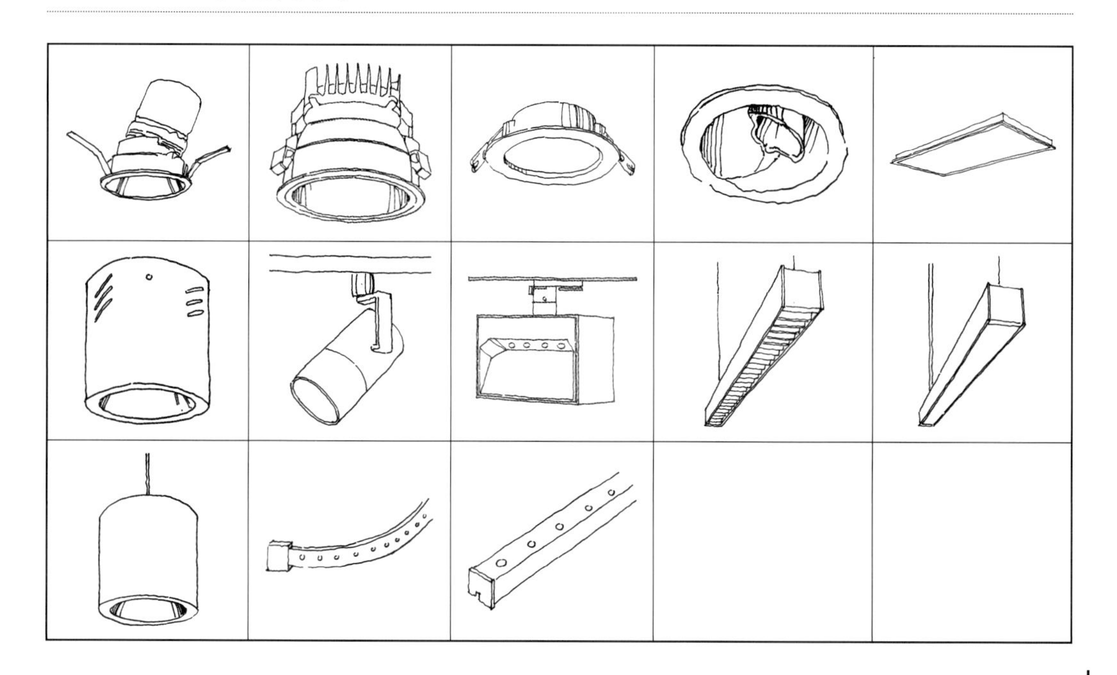

15.3 案例分析

15.3.1 河源市图书馆

河源市图书馆新馆坐落于广东河源市客家文化公园中轴线中心湖北岸，建筑外形设计取材于客家五凤楼的造型，五个功能建筑体顺应倾斜的地势，呈台地式布局，背面山水，层进式的空间特点使得图书馆犹如镶嵌在山体之中。

根据图纸和现场调研情况详细分析项目所在地的文化属性和人文特点、建筑自然采光情况、图书馆平面布局和功能分区、天花布置和电气设计等相关情况，同时确认了灯光设计的基本原则，包括灯具风格、照明方式、灯具点位、照明计算、照明控制方式和逻辑等。

进入河源市图书馆大厅，自然光采光充足，左右对称的空间布局与客家建筑典型的门堂屋一致，大厅内独具特色木质台阶以 LED 面板灯打亮，引导视线沿着木质台阶造型层层向上，可以看到河源市图书馆的 LOGO 墙造型，高大的中式屏风直接天花顶棚，天花被设计成翻开的书本造型，采用对称布局的嵌入式双排格栅筒灯为大厅提供均匀的基础照明，天花造型凹槽内采用暗藏灯管照明，形成立体剪影视觉效果。从照明心理需求考虑，从室外步入到室内各个空间，行动的动线需要有适度的照明强度调整和变化，有利于视觉适应人工照明环境并保持愉悦的心态。

台阶两侧光滑材质的立面墙装饰着大小不一的内凹框体造型，暗藏着嵌入式线型灯具，装饰照明使得大面积的墙体看上去没有那么单调。

一楼东区设有报刊阅览区、多媒体阅览区、古籍典藏室等。根据不同区域的装饰特点采用不同造型的照明器具，包括线型支架灯、圆环形垂吊灯、垂吊筒灯等，旨在以基础照明为主，营造均匀的光环境。

大厅二楼立面墙采用格栅射灯照明，立面墙材质和室外一样，具有自然肌理的装饰混凝土挂板， 灯光照射在立面墙纹理上，强化立面墙的建筑形式、颜色和质感，综合体现对当地客家建筑精神的传承。

二楼分布了中文借阅区、全民阅读推广示范服务点、展览厅、自习区、咖啡吧。进入馆内的通道区，可以看到天花上的格栅筒灯左右交错分布。书柜区域，映入眼帘的是翻开书本样式的天花造型，以嵌入式筒灯照明及垂吊式筒灯照明搭配使用，书柜本身安装线性灯具，提供书柜立面的照明。阅读区域以无影支架灯组合成连续

的分子造型，除提供了均匀明亮的照明环境，也形成了活泼的空间氛围。每一张阅览桌上各自配置阅读灯暗藏在桌面上方的金属支架内，和金属支架成为一体，整体简洁美观。

从视觉任务考虑，图书阅读的各个区域都有桌面阅读灯，满足照明的基本要求，重点将是空间照明和立面展示照明。

在阅读空间采用吊装灯具，空间非指向性照明，也就是产生一些漫反射照明，扩展空间视觉感知，同时灯具样式多样性选择，避免单一灯具款式造成视觉审美出现疲劳。

各借阅厅采用大平面、大开间富有现代化气息的设计，以适应时代发展和全馆全开架借阅的需要。照明的应用也结合灵活多样化的开放空间格局，营造了一种“人在书中，书在人旁”温馨、舒适的阅读环境。高显色性照明输出和合理照明对比度设置会改善长时期处于自然光照明不足且持续阅读者的视觉疲劳和注意力下降等问题。

16

学校空间

16.1 学校空间概述

16.1.1 学校空间界定

16.1.2 学校空间照明意义与目的

16.1.3 学校空间照明要点

16.1.4 学校空间照度、色温需求概述

16.2 学校空间照明方式与手法

16.2.1 中小学标准教室

16.2.2 中小学阶梯教室

16.2.3 中小学多媒体电教室

16.2.4 中小学美术教室

16.2.5 中小学实验室

16.2.6 幼儿园大厅

16.2.7 幼儿园教室

16.2.8 幼儿园多功能教室

16.2.9 幼儿园走廊

16.2.10 常用灯具

16.3 案例分析

16.3.1 江苏省苏州市吴江汾湖实验小学

16.3.2 成都市天立学校

16.3.3 上海孔家花园幼儿园

学校空间

16.1 学校空间概述

16.1.1 学校空间界定

学校是老师有计划的教学、授课，学生读书、学习的地方，学校主要分为：幼儿园、小学、初中、高中和大学，以及民间办学、网上教学机构。

本章内容仅涉及中小学学校（图 16–1）及幼儿园（图 16–2）的课室，幼儿园的多功能厅的照明。

图 16–1　小学教室

图 16–2　幼儿园

16.1.2 学校空间照明意义与目的

创造健康光环境，减低视觉疲劳；
提升学生专注力，增进学习效率；
确保安全环境，控制运营成本。

16.1.3 学校空间照明要点

中小学课室的照明是学校照明的重点，国家照明标准和行业协会的团体照明标准中，对课室照明都有比较严格的规定。照度均匀值和眩光值的相应规定是基于对学生视力保护而做出的。

中小学教室座位区各位置上的照度应

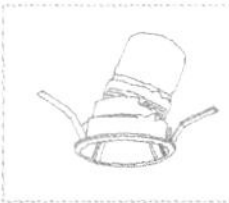   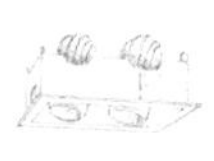 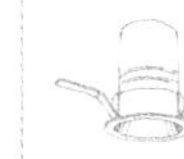 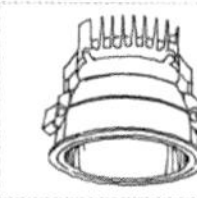 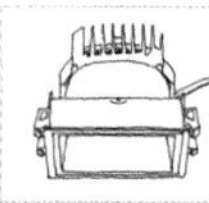 

该是均匀的，保证各学生所获得的桌面照度是一致的，而且必须低频闪，避免蓝光危害。教室黑板书写区的立面照度应保持均匀，灯具表面不刺眼，讲台区的灯具不能对老师的视觉造成眩光。美术教室等特殊空间还应关注灯光的显色性。

幼儿园的主要人群是幼儿，他们的视觉神经系统机能远未完善，眼球形态处于发育过程中，保护幼儿发育过程中的视力是幼儿园照明的首要问题。目前幼儿园的照明没有明确的规定指标，主要应考虑眩光的控制，以及灯具的形式要适应幼儿的心理特征。

幼儿园的照明尽量采用间接照明，减少灯光直射幼儿的眼睛。可运用调节照度与色温的方式来设置节律照明。另外，可适当运用彩色灯光，营造活泼的气氛。

16.1.4 学校空间照度、色温需求概述

中小学教室宜采用 3300 ~ 5300K 之间的色温，教室桌面维持平均照度不低于 300lx，照度均匀度不低于 0.7；黑板面维持平均照度不低于 500lx，照度均匀度不低于 0.8。

幼儿教育空间主要使用人群年龄较低，因此照明需考虑特定人群的年龄段低、好奇心强等特点营造舒适健康的光环境。色温与中小学相同为 3300 ~ 5300K 之间，显色指数建议不低于 Ra90，教室教学区均匀照度不低于 300lx。多功能厅色温可采用 3000K 和 4000K 混合使用方式，以 3000K 作为氛围照明，提供需要的时段需求，而 4000K 则保证了平时的基础照明。桌面照度则不低于 300lx。

16.2 学校空间照明方式与手法

16.2.1 中小学标准教室

课桌照明

标准教室为 6m × 9m 的矩形，课桌呈规律性排列（图 16–3）。

图 16–3 标准教室

学生课桌照明的灯具布置须与教室空间形状相符而且必须获得均匀光的效果，采用 9 只发光面为 300mm × 1200mm 的矩形下照式灯具，均匀布置于课桌区通道的上方顶棚，灯具横向与纵向中心间距均为 2400mm，为减少眩光和光幕反射，

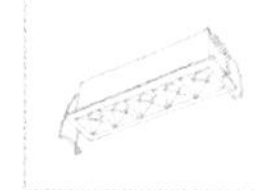

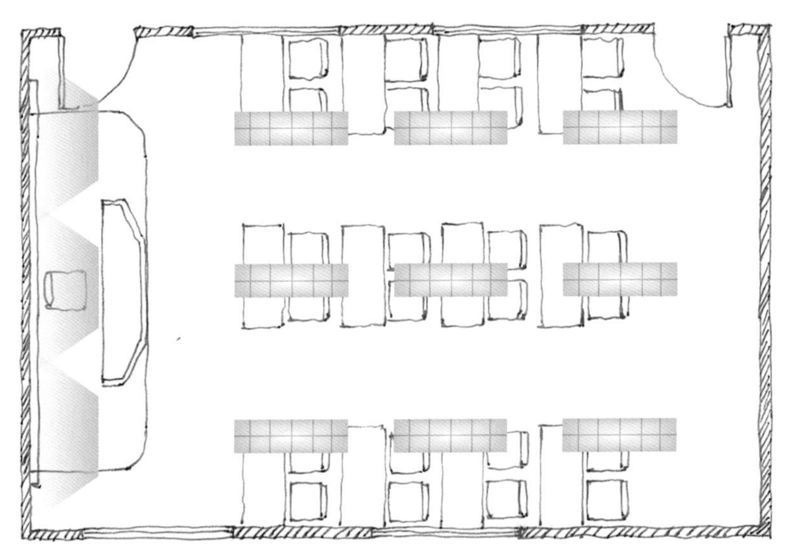

图 16-4　教室灯光点位布置图

灯具采用纵向布置。灯具的长轴平行于学生的主视线，并与黑板垂直。使课桌面接受到的光线主要来源于课桌个体侧面或两侧，有利于学生的书写。

安装高度为灯具发光面距离地面2500 ~ 2900mm之间，距课桌表面在1700 ~ 2000mm之间（图16-4）。

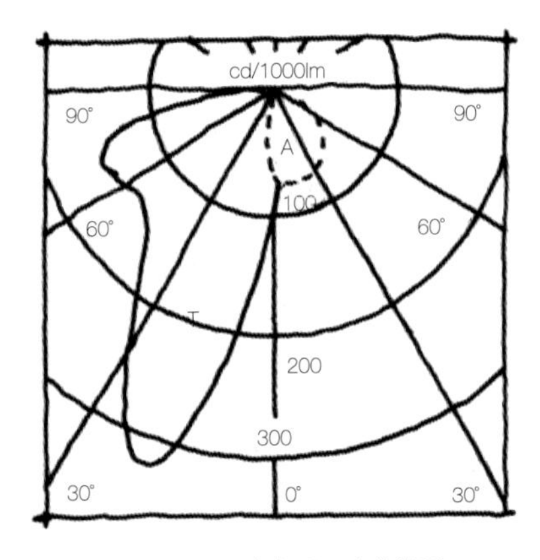

图 16-5　黑板灯具配光曲线图

黑板照明

黑板照明的布置要避免灯具对学生视线造成遮挡，特别是第一排的学生。黑板应采用非对称配光的灯具（图16-5），灯具出光偏向黑板一侧，光线能均匀照射在黑板上，同时不应对教师产生直接眩光，也不应在学生观察黑板时产生反射眩光。

标准教室的黑板宽度为4000mm，黑板照明灯具安装位置应距离黑板表面700mm，灯具底部距离黑板上沿200mm，采用3只1000 ~ 1200mm的线性偏配光灯具连续或相邻布置于黑板的宽度范围内，两侧灯具不应超出黑板宽度，使黑板表面获得均匀的照度（图16-6）。

图 16-6　黑板灯具安装位置示意图

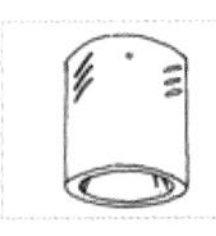

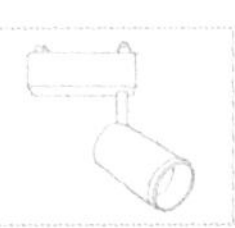

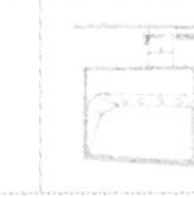
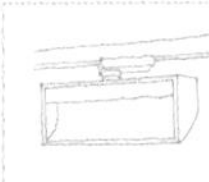

16.2.2 中小学阶梯教室

阶梯教室的空间特点为前后排课桌高度不同，与天花的距离也不同。但是照明应使任意位置的课桌获得基本一致的照度，课桌表面必须具有较高照度均匀度。尽管由于层高不同导致老师与学生所处位置产生一定程度的仰视或俯视，但照明都应避免老师和学生各视觉方向的眩光。

灯具可根据教室顶棚形式采用嵌入式灯具或吊装灯具。采用吊装灯具时应注意课桌前排灯具的安装高度，避免对后排学生的视线产生遮挡，同时也要避免投影设备或其他安装于顶棚下方的设备产生对后排学生的视线遮挡（图 16-7）。

图 16-7 阶梯教室

阶梯教室一般空间尺度较大，黑板方向墙面较高，会设置上下滑动的两层黑板，这种情况下建议使用上下两排黑板灯具。（图 16-8）

图 16-8 阶梯教室黑板灯具安装位置示意图

16.2.3 中小学多媒体电教室

此类教室以大屏幕以及每个学生位置的显示屏上课为主（图 16-9），因此应避免在任何一台显示屏上出现灯具、窗户中的自然光等高亮度光源的影像。窗户应采用遮光窗帘，合理布置教学大尺寸屏幕;学生使用的显示屏应避免处于或者接近高亮度光源，同时灯具应具备较好的防眩效果，以免造成屏幕上的反射眩光，引起视觉不适与看不清屏幕。

图 16-9 多媒体电教室

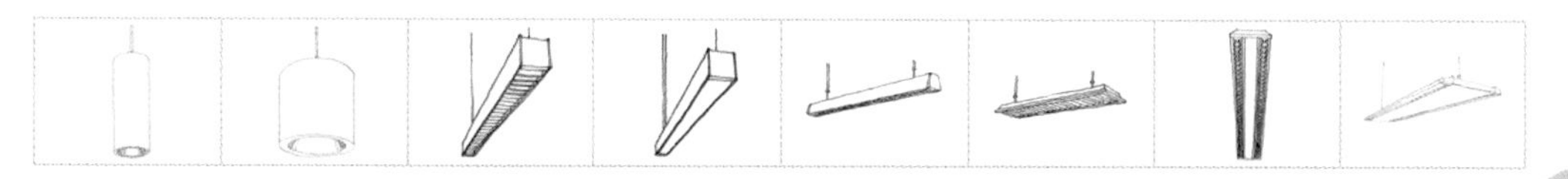

16.2.4 中小学美术教室

美术教室应合理及有效的利用自然光，但应避免强烈的直射阳光照射在画板上，使学生产生视觉偏差；柔和的漫射光对学生的临摹观察与绘画用色是比较适宜的。

灯具部分除基础照明外，可适当增加导轨灯，可在需要时调整灯具照射方向，有利于学生观察和体验临摹教具不同方向的阴影关系对绘画产生不同的效果。光源也应该选择较高的显色指数，建议不低于Ra90，以利于观察颜色（图16-10）。

图16-10 美术教室

16.2.5 中小学实验室

实验室照明在满足教室基本照明环境的条件下，需要增加试验台重点照明，满足精细操作、观察、记录等需求，但应避免出现强烈的光线阴影关系，产生视觉偏差（图16-11）。

图16-11 实验室

16.2.6 幼儿园大厅

大厅是幼儿园最重要的公共空间，对家长而言是集品牌形象、品质感观、功能项目介绍、幼儿接送、交通过道为一体的多功能空间。

幼儿园的大厅灯光设计，不仅要满足简洁明快的功能性的照明要求，还要布置一些装饰引导性的灯光设计，在突出强调品牌的同时，适当增添一些趣味性的、装饰性的照明（图16-12、图16-13）。

图16-12 大厅

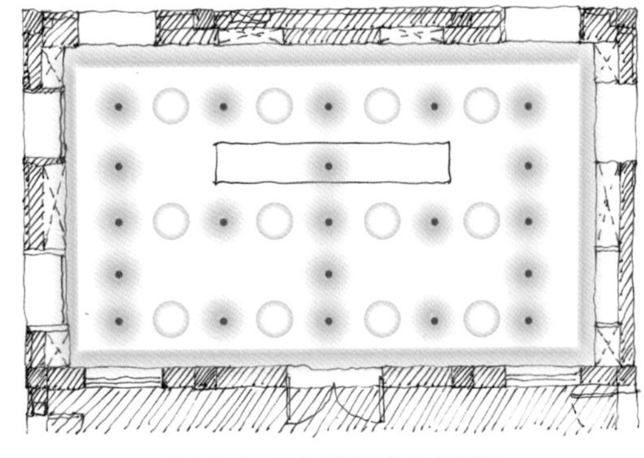

图16-13 大厅灯光点位布置图

16.2.7 幼儿园教室

教室是幼儿主要的活动空间，是幼儿游戏、学习、休息的地方。属于多功能复合空间（图16-14）。

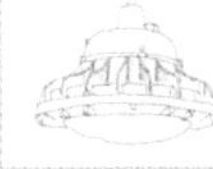

图16-14　幼儿园教室

图16-15　幼儿园多功能教室

幼儿教室空间照明采用间接照明的方式比较理想，幼儿视力发育不完全，灯光尽量少些直射光，避免光线进入眼睛，造成不舒适感；灯具也应避免频闪现象，避免导致视觉疲劳，引起近视、神经紧张等不良后果。

此外，幼儿对颜色鲜艳的物体或彩色光线有特殊的兴趣。可采用装饰性灯具，同时适当设置可变化颜色的灯光，可以增加儿童的好奇心和兴趣点。

幼儿教室多功能使用，可搭配灯光控制设备及可调光灯具产品以满足不同的场景及活动类型的需求。

16.2.8　幼儿园多功能教室

多功能教室具有幼儿文艺团体表演、幼儿运动会、家长幼儿同乐活动等多种功能要求。因此，照明的设置同样建议采用灯光控制设备以营造不同场合合适的光环境。

此类空间多数有小舞台的设置，因此应设置独立的舞台所需的功能照明及重点照明，必要时可以设置舞台专业灯具，提供舞台更多变及热闹的场景（图16-15）。

16.2.9　幼儿园走廊

走廊通常是一个狭长的封闭性空间，除满足基本通行的照度要求外，可通过灯光形式及布局丰富空间的趣味性。透过选择形态各异的天花装饰灯具或者设置适当的明暗关系，都可以达到消减无趣的狭长感（图16-16）。

图16-16　幼儿园走廊

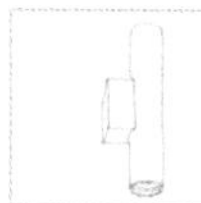
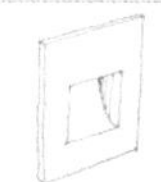
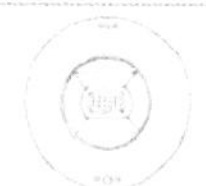

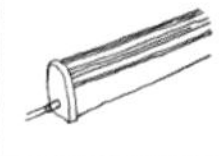
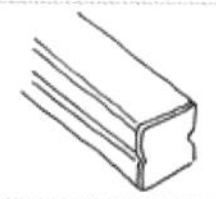

16.2.10 常用灯具

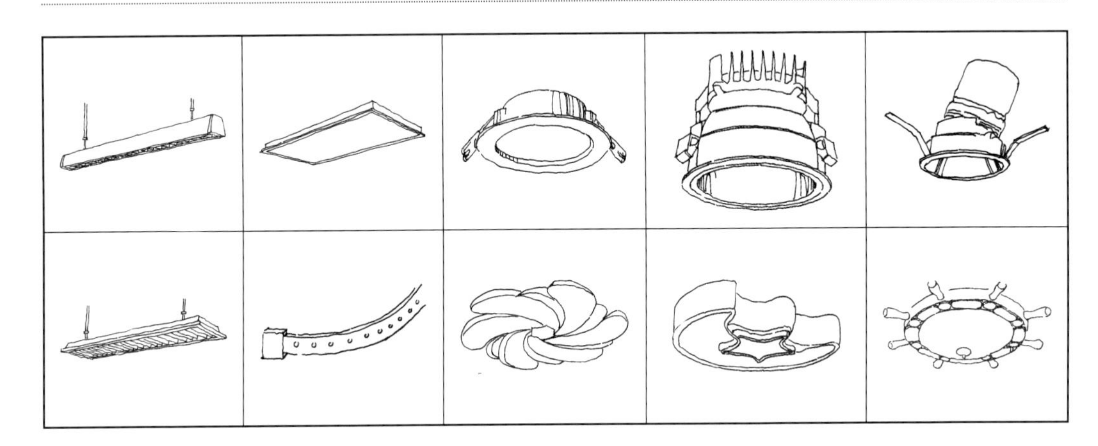

16.3 案例分析

16.3.1 江苏省苏州市吴江汾湖实验小学

改造前

改造后

江苏省苏州市吴江汾湖实验小学是个改造项目。教室改造前，教室内存在黑板照度不均匀、灯具频闪以及过高色温等问题，学生在教室内上课学习时会对视力健康造成危害。经过改造，教室整体提升了照度水平；同时，LED 护眼教室灯的能耗不仅比传统 T8 灯管更低，更增加了高密度电镀防眩格栅背透出光设计，既满足了照明需求，又能够效控制眩光，不易引起视觉疲劳，对孩子的眼睛更友好。

汾湖实验小学采用 LED 护眼黑板灯及 LED 护眼教室灯，同时将无线蓝牙系统用于其中，可按需预设“上课模式、投影模式、自习模式、课间模式”四大场景应用模式，一键切换满足教学使用需求，并通过恒照度控制模式加以维持，很好地解决了“一室多用”的照明问题。

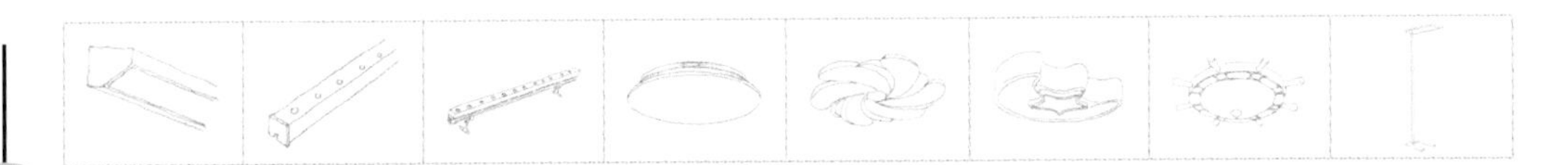

16.3.2 成都市天立学校

本项目位于成都市郫都区，占地面积近 120 亩，学校涵盖小初高十二年一体化办学，学生总规模约 3000 人，是一所现代化的私立学校。

进入学校大堂，超过 9m 高的共享大厅空间，建筑设计在白天采用了天花自然采光，将自然光引入到室内。照明设计根据室内现代简洁的装修风格，重点考虑了灯具与天花结构的合理布置与结合，重点考虑了合适的色温和均匀度，以及眩光控制，色温为 4000K。结合天花横向结构的连续线型灯具自然的融入天花装饰面，而面发光形式的透光板保证了低眩光值和空间良好的水平照明和垂直照明，在自然光不充足的时段也提供了足够且通透的照明。

教室是学校最重要的空间，根据不同教室的平面布局和空间尺寸，选择不同的灯具组合，高亮度和高显色性的照明灯具满足了学生使用的需求也营造了一个舒适的教室光环境，同时根据不同教学任务提供开关控制的灯光场景，满足多媒体教学需求和手工，科学课等教学课程的照明需求。

食堂作为学生就餐的场所，照明设计应满足空间平面布局的对应，提供良好的餐桌照明，根据就餐区的平面布置和天花结构，采用了嵌入式面板灯具，显色指数 Ra90，色温为 4000K，灯具的安装间距在就餐区平均布置，保证餐桌照明有良好的均匀度，提高食物的色彩还原度，创造一个良好的就餐环境。

层高4.5m的报告厅采用了阶梯座位的布局，浅色木饰面墙面，搭配蓝绿双色座椅，照明设计以满足水平照明的基础上同时考虑了垂直照度，并设置了照明场景，以提供多样性的会议需求。天花灯具结合装饰结构，采用暗藏灯带提供了环境所需的氛围照明，同时结合大孔径筒灯提供报告厅所需的水平照度；墙面结合立面造型设置暗藏灯带形成视觉焦点，削弱空间的单调感，同时提升两侧墙体的垂直方向照明；后部墙面则采用连续布置的洗墙筒灯，起到扩展空间的作用。

运动馆空间根据天花金属网架结构的特点，采用吊装的高天花照明灯具，显色指数Ra90，色温为5000K，实现良好的地面水平照明和空间的垂直照明，以满足篮球、羽毛球等各类体育运动的照明需求。

游泳馆在满足水平照度的前提下，同时考虑了眩光问题，避免直接下照光对游泳者所产生的眩光干扰。另外，利用照度对比度和不同的照明方式达成空间的分区和导引性，加强了入口、通道和泳池等不同空间的识别性。

根据天花结构布置的连续线性照明灯具采用了（色温4000K，显色指数Ra90的灯具要求）低眩光值的均匀照明，空间明亮通透，在出入口采用筒灯照明，强化了垂直方向的照明强度，通过照明方式和对比度的变化提供了导引性照明。

16.3.3 上海孔家花园幼儿园

本项目的照明设计充分照顾幼儿生理、心理发育德育特点和过程，希望为幼儿创造一个安全、卫生、宜人的成长环境，整个照明设计结合整个室内设计风格，光的变化更好的配合室内布局的变化起到很好的指引作用，结合自然采光与房屋整体框架，能给幼儿带来舒适的居住、学习、生活与玩乐环境。配合入园、晨检、游戏、学习、午餐、休息、离园等不同的功能需求，塑造不同的照明环境已达到更好的体验。

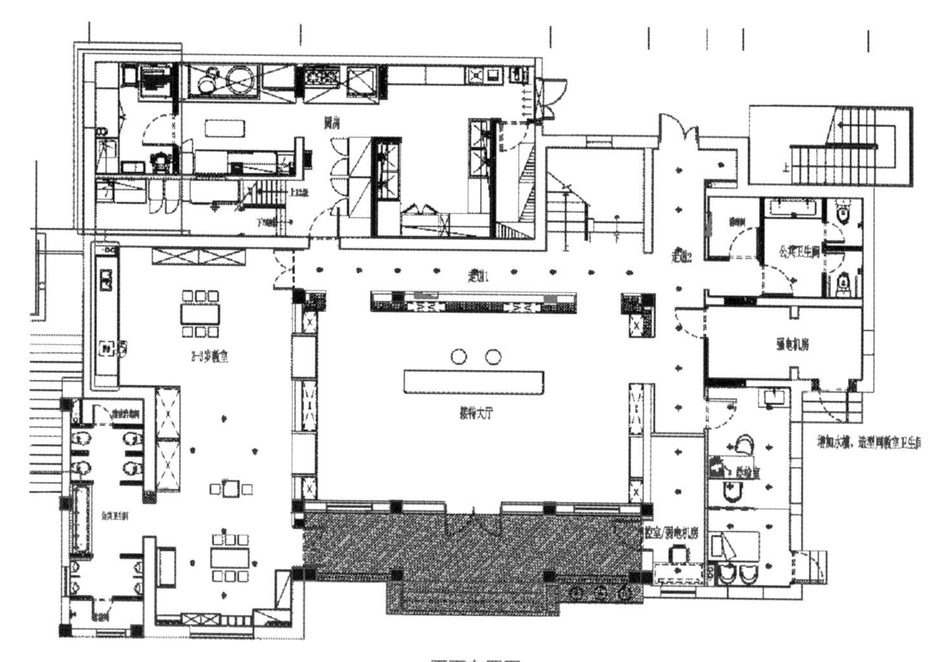

平面布置图

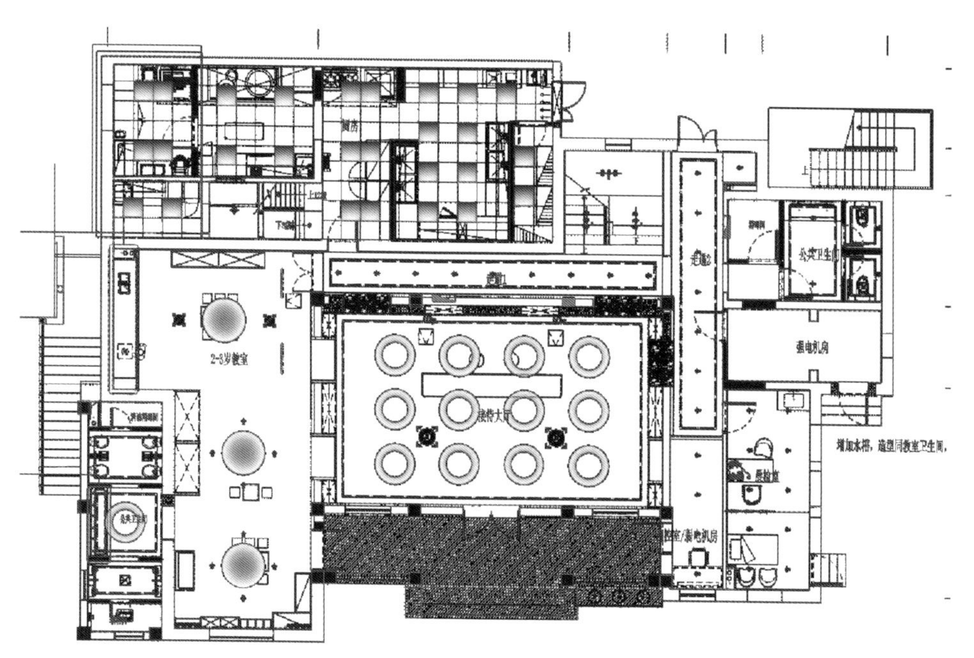

天花点位布置图

灯光采用了圆形作为出发点，并根据不同空间发展成圆环及圆形等灯光形式。接待大厅以阵列式的环形发光膜排布，提供了均质与柔和的环境光，同时也提供了大厅空间的活泼气氛；另外环绕空间的天花间接灯槽设置也增加了空间的轻巧与灵动感。

幼儿教室空间同样沿用了圆形元素，设置了大型圆形发光膜结构，提供了柔和的光环境，能给幼儿带来更舒适的视觉感受与学习空间。

17

医院空间

医院空间

17.1 医院空间概述

17.1.1 医院空间界定

医院是为了人的健康进行的医疗活动或帮助病患恢复保持身体机能而提供的场所（图 17-1）。医疗空间包括公共空间、门急诊空间、医技检查、手术处理、住院病房等区域。

图 17-1 中山医院厦门医院

17.1.2 医院空间照明意义与目的

创造舒适环境，舒缓病患情绪，
专注高效诊疗，益于治疗康复，
确保安全环境，控制运营成本。

17.1.3 医院空间照明要点

公共空间及候诊空间昏暗或明暗差异过大都易加重病患紧张情绪，应保持明亮均匀，照度均匀度建议应不小于 0.5。诊疗空间平面照度与垂直照度同等重要，环境光线应均匀并减少阴影，便于医护人员对病患的坐、卧姿的直接观察。住院空间需要根据不同使用需求采用可以单独控制的灯具，满足病患休息、康复、床头阅读等行为的照明需求，同时也能满足医护人员对患者的观察、问询、医治等行为的照明要求。

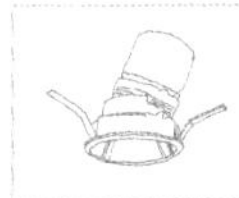

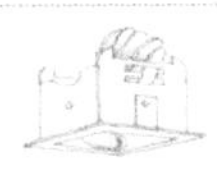
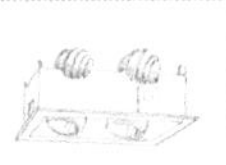
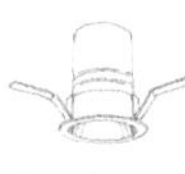
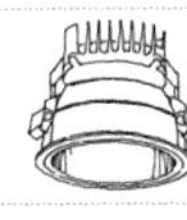
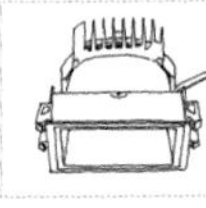

17.1.4　医院空间照度、色温需求概述

医院空间是治病救人的地方，应当给病患及亲友洁净、明亮、安全、放心的感觉，医院空间的建议色温为 4000 ~ 5000K 之间。医院空间如大厅、医疗街、走廊及候诊区等，基础照度建议地面 200 ~ 300lx 之间，其中功能区如服务台等区域则应当提高照度，建议照度在 300 ~ 500lx 之间。

医生精密操作的空间，如诊疗室、护士站、化验室等建议照度为 500lx 左右，手术室空间照度应大于 750lx。病房需要满足患者休息及医生检查的不同需求，条件允许的前提下，可采用灯光控制设备，根据不同时段设置不同的色温，建议病患休息时段的色温为 3000 ~ 4000K，基础照度为 100lx；医护人员巡检处置时段则建议色温调整为 4000K，建议照度为 300lx。

17.2　医院空间照明方式与手法

17.2.1　公共空间

门诊大厅

大厅是进入医院的第一个空间，也是人员流动最频繁的中枢地带，空间一般较高，包括门厅、挂号、取药、候诊等区域，与诊室、走廊、楼梯等相连接（图 17-2、图 17-3）。

图 17-2　医院大厅

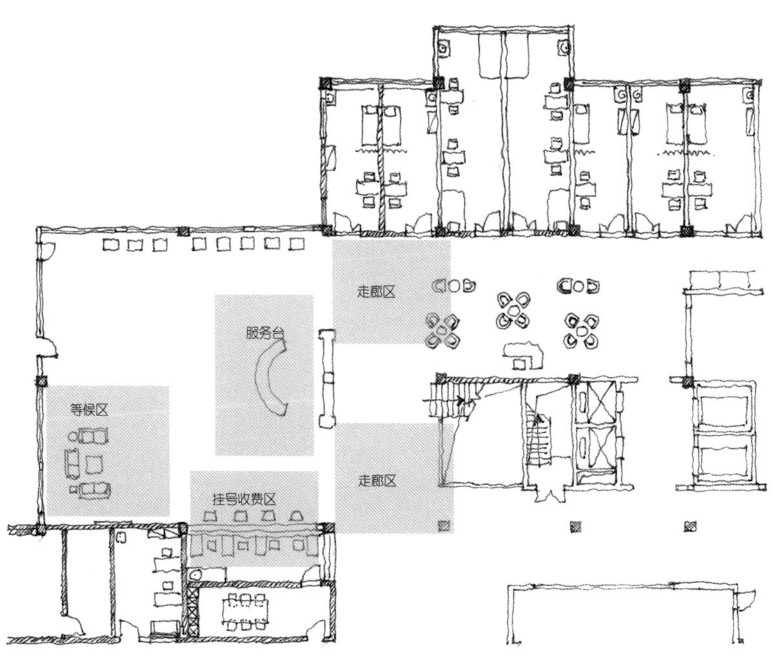

图 17-3　医院大厅平面示意图

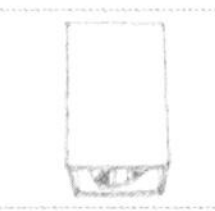

大厅作为人员密集、交通枢纽的大空间，需营造宽敞、明亮的照明氛围，缓解病患紧张、焦虑的情绪。可根据装修风格，采用多种不同的照明方式。

大面积发光膜或者大面积发光面平板灯具组合，营造天空开阔的感觉（图 17-4）；天花膜结构的照明方式光源一般采用 LED 线型灯带或者 LED 支架灯具，灯具布置要求通常是灯具间距与灯具距膜结构表面为 1 ∶ 1.5 ~ 1 ∶ 1 的关系，如此膜结构发光面能均匀出光而避免了所谓的“排骨现象”，需要注意的是膜结构内部空间高度不足时，上述原则不一定能满足要求。

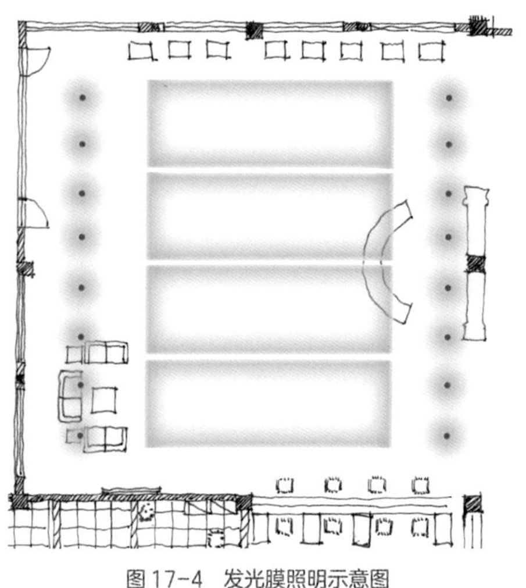

图 17-4　发光膜照明示意图

天花采用嵌入式线型灯具及下照筒灯组合的照明方式（图 17-5），一般选择宽光束角灯具以在地面形成均匀的光环境。但天花较高时应考虑高度与灯具排布关系，选择适合的光束角，以达到最佳的利用效果。空间中搭配嵌入式筒射灯的情形也应依循此原则选择适合的灯具光束角。

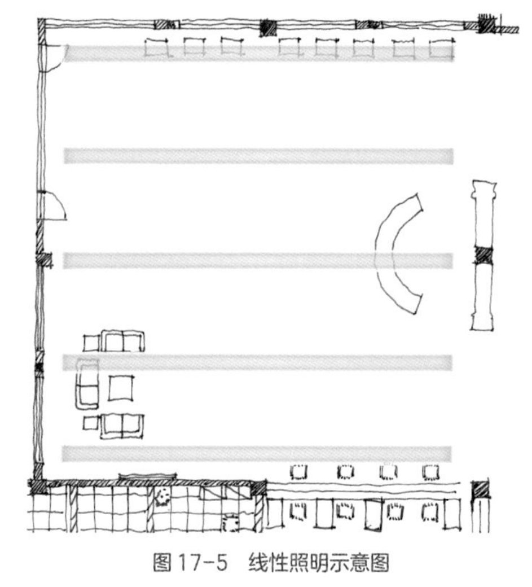

图 17-5　线性照明示意图

天花藻井设置间接照明并配合下照筒灯的照明方式（图 17-6）。

当室外直接进入大厅而没有过渡空间时，入口需适当增加照度，避免从室外进入室内对比强烈，产生不适。

急诊大厅照明手法类似，但建议急诊

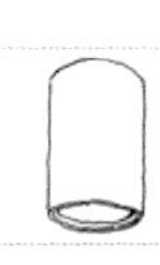

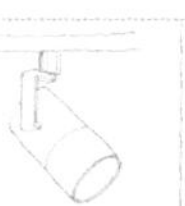
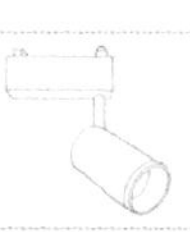

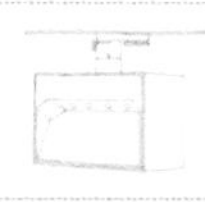
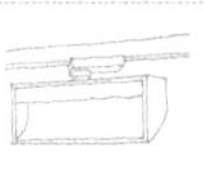

大厅色温及照度高于门诊大厅，色温建议为 5000K，照度建议为 500lx 左右，有利于快速、紧急、安全通行。

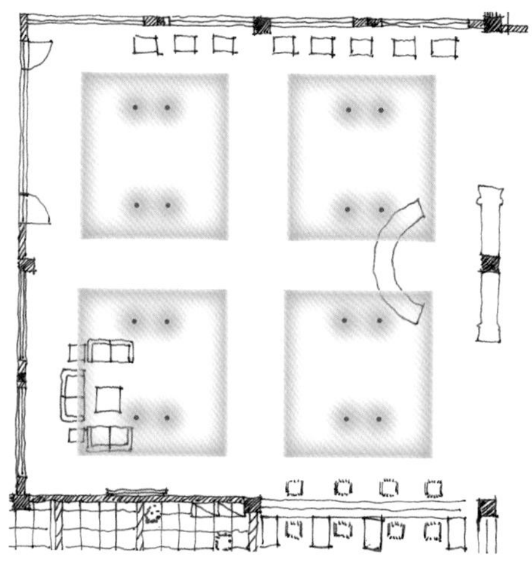

图 17-6　间接照明示意图

门诊大厅服务台

大厅服务台是为病患及来访人员提供指引、咨询及医护人员收集信息的地方。兼具了沟通、交流与书写等功能（图 17-7、图 17-8）。

作为进入医院的第一交流节点，服务台应具识别性，利于患者快速寻找，可以通过突出表现服务台背面墙的标示标识或装饰品，成为空间视觉焦点。服务台本身照明应能满足视觉与功能需求，除大厅的基础照明外，建议于天花设置服务台的重点照明，也可以于服务台高位台面下设置线性灯具，满足桌面书写及资料阅读的功能（图 17-9）。

图 17-7　通州区人民医院门诊大厅

图 17-8　康雅医院门诊大厅

图 17-9　门诊大厅服务台灯光布局示意图

通道

通道是连接各个科室的途径，部分通道不单只有交通功能，还会与等候区结合，兼顾等候功能。主通道如医疗街人流量比较大，建议营造明亮舒适均匀的氛围；次通道连接诊室或其他区域，照度应与其他空间照明相协调，避免出入诊室照明差异太大产生不适感。

通道照明的灯具排列或灯具形式应具有一定的指引性，帮助患者及亲友快速找到目标区域，缓解焦躁的情绪。常规的灯具布置方式是采用面板灯居中布置，也可采用双排筒灯布置于走廊两侧的做法。这两种做法都需要控制灯具表面亮度，减少病患躺于医院推车的眩光感受。同时，灯具布置间距产生的灯光忽明忽暗，也容易让病患产生焦虑的情绪（图 17–10、图 17–12）。

相对比较好的做法是选用与天花设备组合的线型灯具，使天花更为简洁，另外可在走廊两侧布置连续的线型灯具，减少病患不舒适感，同时增强了指向性，对走廊立面也有一定的照明效果（图 17–11）。

候诊区

候诊区人流密集、声音嘈杂，根据区域功能设置的形式，候诊区分为厅式候诊（一次候诊）和廊式候诊（二次候诊）。一次候诊区病患候诊时间比较长，尽量选用发光面积较大的灯具，排布均匀，形成均匀的照明效果，减少眩光，缓解病患长时间等待的焦虑心情。小范围区域还可适当增加彩色光调整病患情绪（图 17–13、图 17–14）。

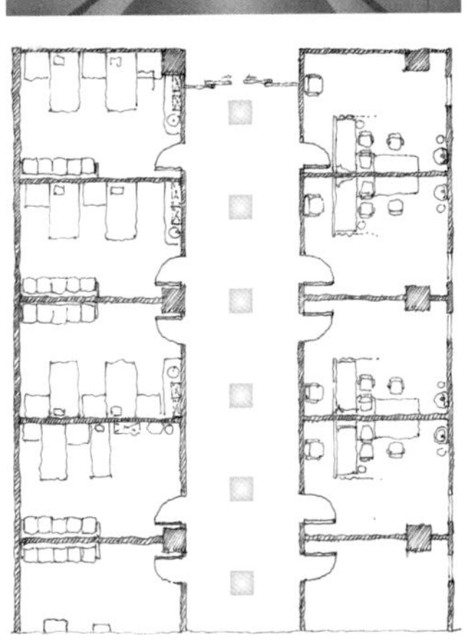

图 17–10　平板灯布置方式

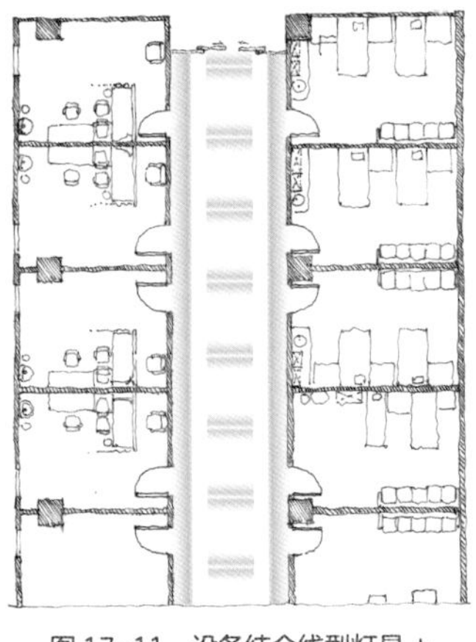

图 17–11　设备结合线型灯具 + 灯槽布置方式

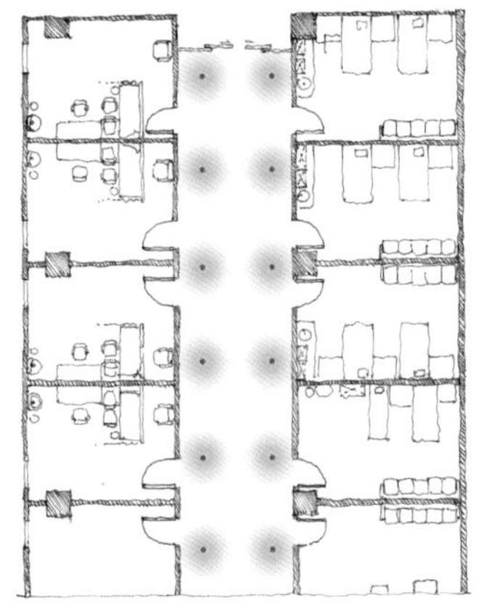

图 17–12　筒灯布置方式

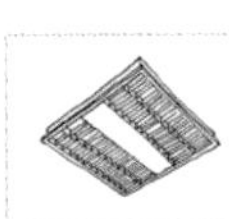

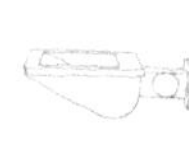
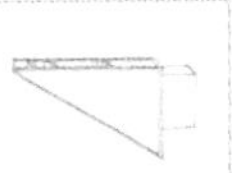

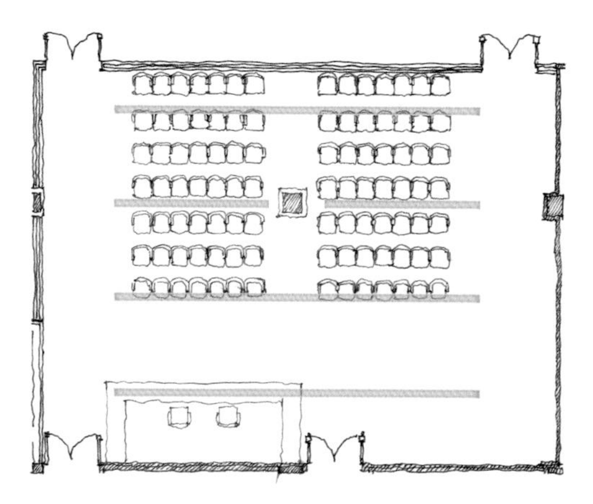

图 17-13　线型灯具均匀布置方式

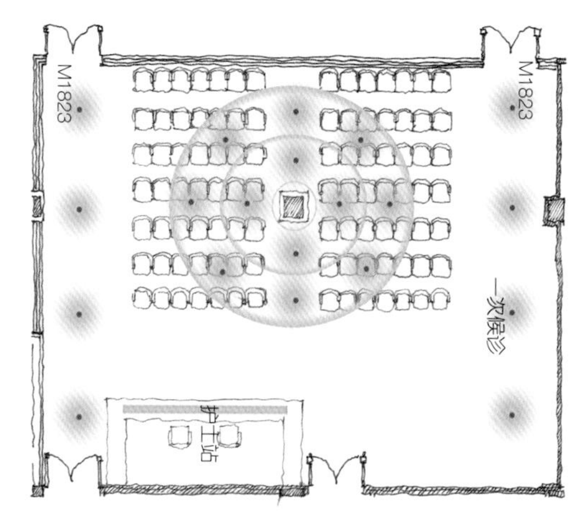

图 17-14　灯具根据天花造型布置

图 17-15　甘肃省妇幼保健院候诊区

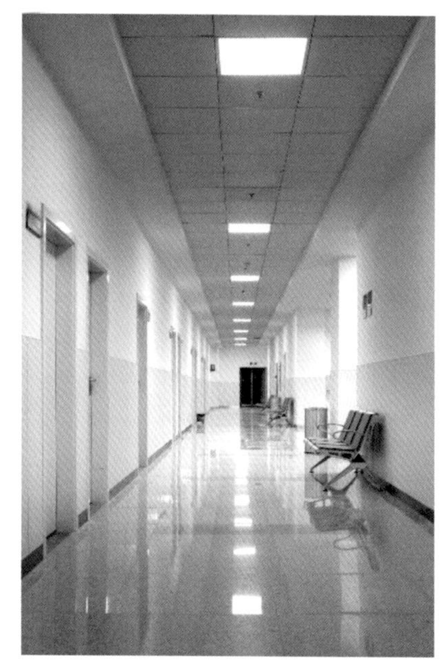

图 17-16　康雅医院二次候诊区

图 17-17　康大夫国际医疗中心二次候诊区

除此之外，医院还有分诊区的设置并设有护士台，提供一些咨询服务或对患者进行预检和挂号排序。照明上需满足基本书写阅读的需求，另外需具有一定的识别性，方便寻找、辨识，照明方法与门诊大厅服务台相似（图 17-15）。

廊式候诊（二次候诊），照明结合走廊天花顶棚形式，避免眩光；中性色温或暖色温减少缓解产生的焦虑感（图 17-16、图 17-17）。

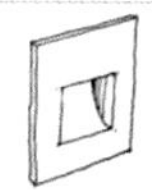

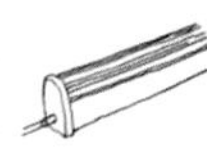
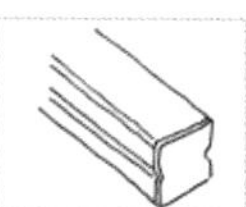

17.2.2 门诊和急诊空间

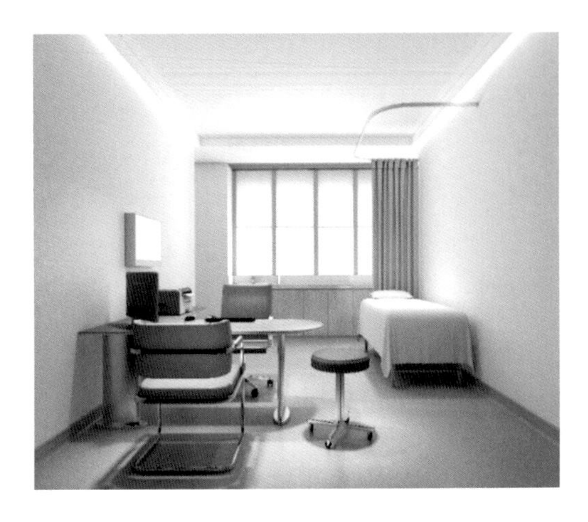

门诊室

诊室是医生与患者直接交流、初步检查、初步诊断，并完成诊查记录的场所。照明应满足医护人员对坐姿或卧姿病患的观察、检查、咨询、记录所需的照度，平面照度与垂直照度同等重要。应采用高显色性且防眩光或表面亮度较低的灯具，可准确反映病患肤色或其他特征，同时减少病患平躺视角中的不舒适眩光。诊桌区则保证均匀照亮避免直接眩光，缓解医生长时间高强度工作造成的视觉疲劳，提升工作效率，可选择发光面积大的面板灯，创造光线均匀的效果，避免使用射灯。在条件允许的情况下选择间接照明的方式，利用天花或墙面的反射光照亮整个空间，达到更均匀舒适的门诊光环境（图 17-18）。

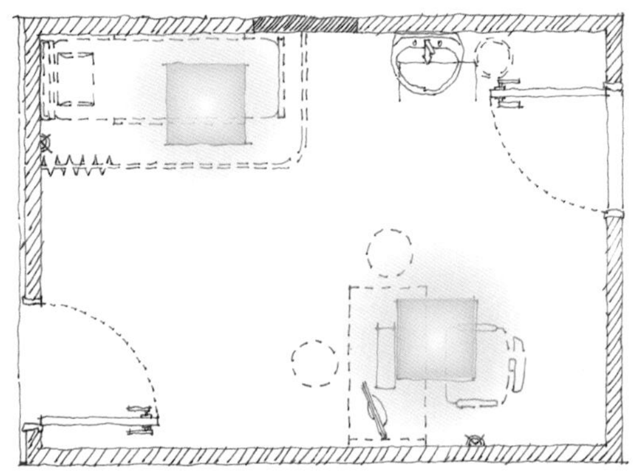

图 17-18　门诊室灯光示意图（间接灯光、格栅灯盘）

急诊诊室

急诊诊室是紧急处理急、危、重症病人的重要场所。照明要求更高，要保证医护人员清晰识别、全神贯注、高效快速的处置病患、抢救生命。急诊室的照明必须做到均匀、高色温、高照度。照明方式尽量选择发光膜或面板灯等大面积均匀发光的灯具，避免产生阴影（图 17-19）。照度为 500lx，色温则为 5000K 以上。

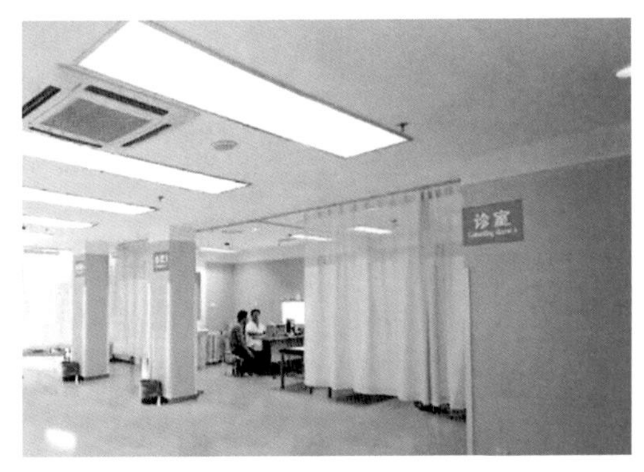

图 17-19　急诊诊室

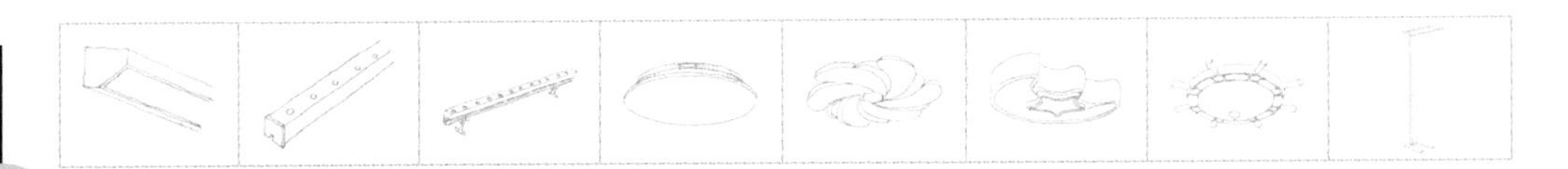

17.2.3 医技检查

化验室

快速进行细菌、微生物以及人体各种液体或组织成分分析鉴定，为医生的准确诊断提供参考依据的场所。照明的重点是作业以及观察，要求环境均匀明亮没有眩光，保证工作专注有效率（图 17–20）。工作面平均照度应达到 500lx，色温建议 5000K 以上。

图 17–20　化验室

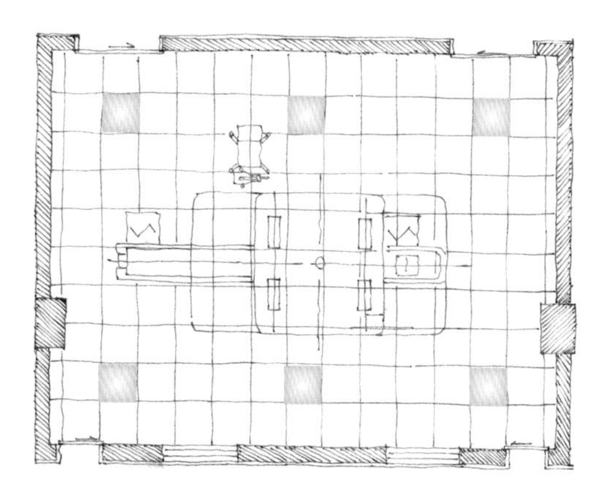

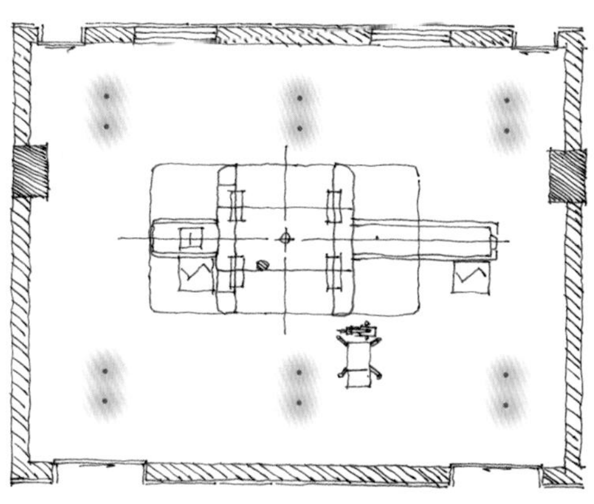

图 17–21　磁共振检查室格栅灯盘、筒灯点位布置图

放射室、磁共振检查室

医疗设备体积较大，受检者与医务人员一般设置各自单独出口，检查室照明需满足机器调试、维修时所需照度（图 17–21），建议照度值为 300lx 左右。检查时室内不需要太高照度，但建议可根据需要进行无极调光控制，使病人的视觉有一个明暗适应的过程。另外，可适当增加色彩或装饰照明，缓解受检者检查时的焦虑情绪（图 17–22）。

另外，医疗器械比较多、比较灵敏，照明灯具的布置方式应考虑医疗器械的位置，避免产生冲突，还要考虑是否对医疗设备和器械有影响，核磁共振检查室是强磁场室，建议灯具选用抗磁 LED 灯具，并将电源箱设置在本空间外面，低压直流电源引入 LED 灯。

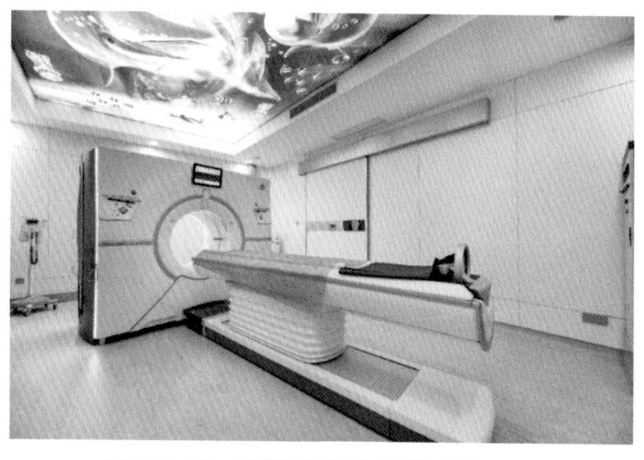

图 17–22　核磁共振检查室增加装饰照明以舒缓检查时不安情绪

17.2.4 住院病区

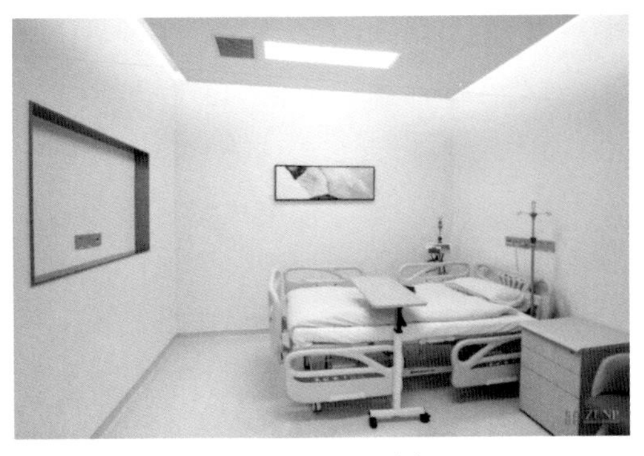

图 17-23 单人病房

病房

病房是病患治疗、康复、生活的场所，也是医护人员检查和治疗的作业场所。

一般分为单人病房（图 17-23）和多人病房（2 ~ 6 床 / 间）（图 17-24）。

病患有日常起居生活，康复休息的不同状态，医护人员会对病患进行检查、问询、记录或者护理和治疗。在照明上需要提供灵活且多样的照明方式，一般可包含病床主照明、阅读灯、筒灯或线性灯具及夜灯等。对于多病床，主照明需一床一灯，单独控制，减少对其他人的影响，病床主照明应满足医生检查所需照度（图 17-25）。

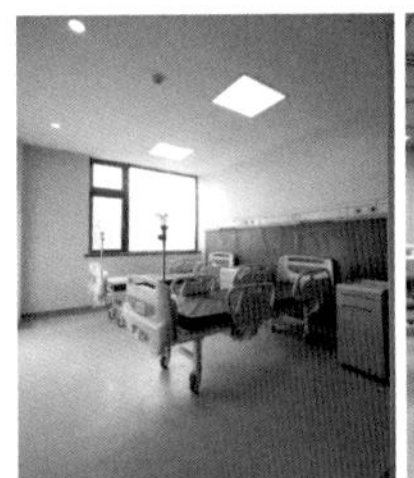

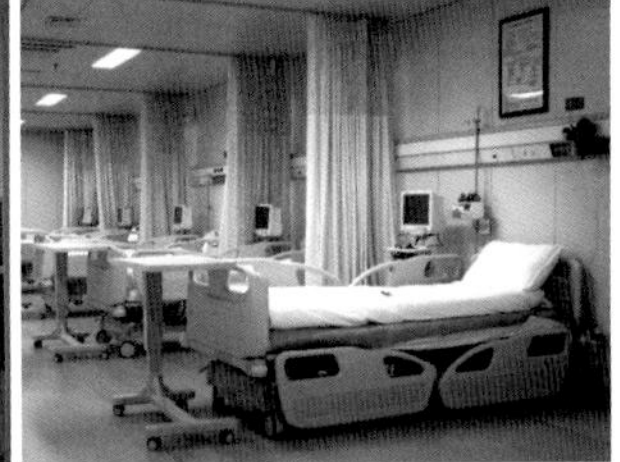

图 17-24 多人病房

灯光控制模式根据行为分为医生检查模式，建议床面照度达到 400 ~ 500lx，满足治疗和护理需求；病患休息模式，光环境需柔和舒适，避免眩光，减少心理压力和紧张情绪，利于恢复，照度在 100lx 左右；病患阅读模式，整体环境照明调暗，

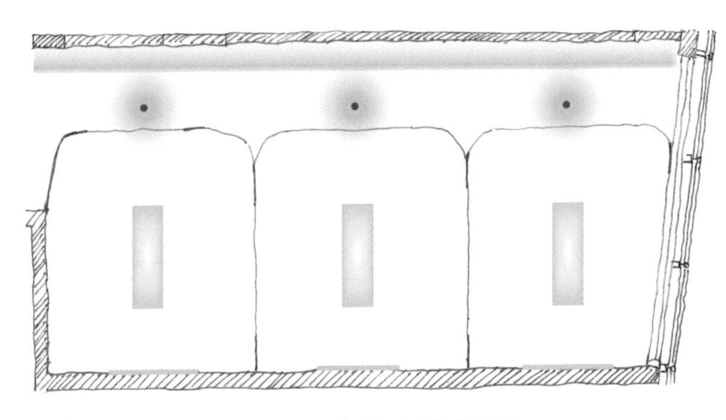

图 17-25 病房灯光点位布置图

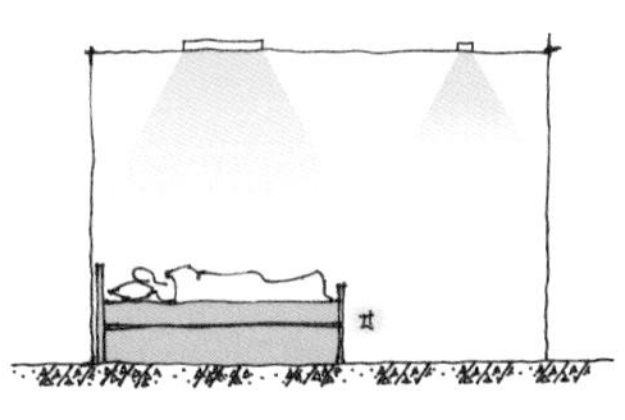

主灯（格栅灯）+过道筒灯+夜灯

主灯（膜结构）+过道洗墙灯+夜灯

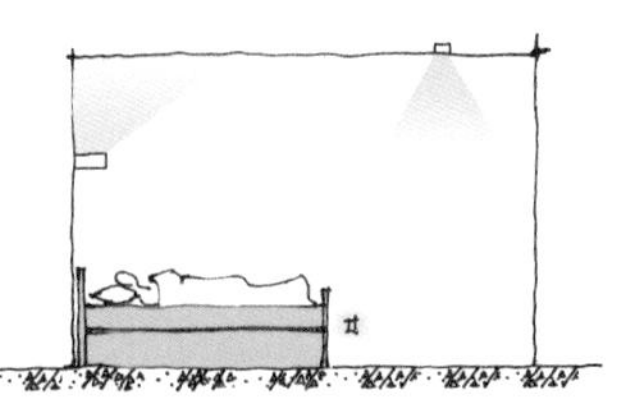

主灯（间接壁灯）+过道筒灯+夜灯

图 17-26 病房不同灯光布置示意图

强调床头阅读区域照度水平，照度建议在300lx左右，满足阅读需求；夜间模式，灯光覆盖病房通道和内走廊，方便夜间医护人员夜间巡房，照度控制在10lx以内，避免影响病患休息（图17-26、图17-27），建议灯光设置调光、调色温控制模式，满足不同需求。

多人病房非临窗床位，获得自然光较少，应尽量利用灯光可以影响人的生物节律（图17-28）的作用，设置调光调色灯具模拟自然光变化，配合智能控制设备，有助于患者身体康复。

病房走廊

走廊的照明，需保证安全，也要具备一定的引导功能。走廊照明应与相邻病房照明相协调，避免差异过大产生不适；考虑病患视角，应避免眩光；灯具布置或形式应具有一定的视觉引导功能，照明手法与公共区域通道做法相似（图17-29、图17-30）。

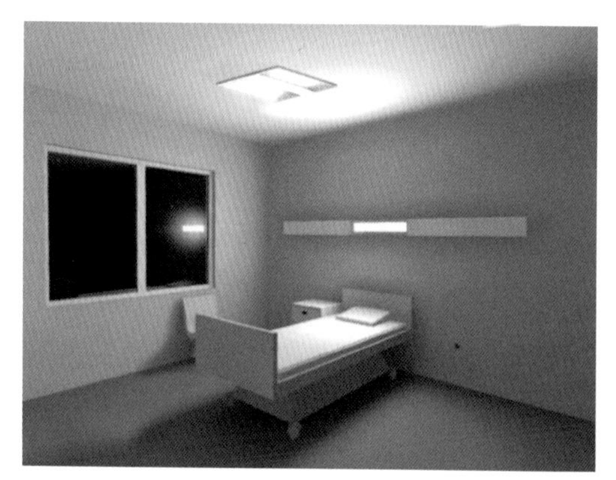

检查模式

休息模式

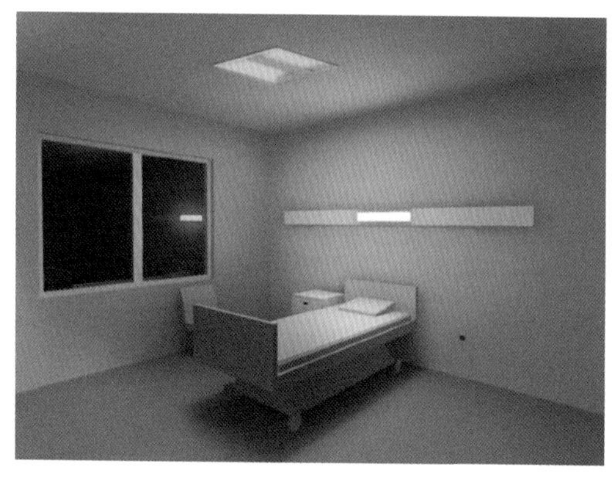

阅读模式

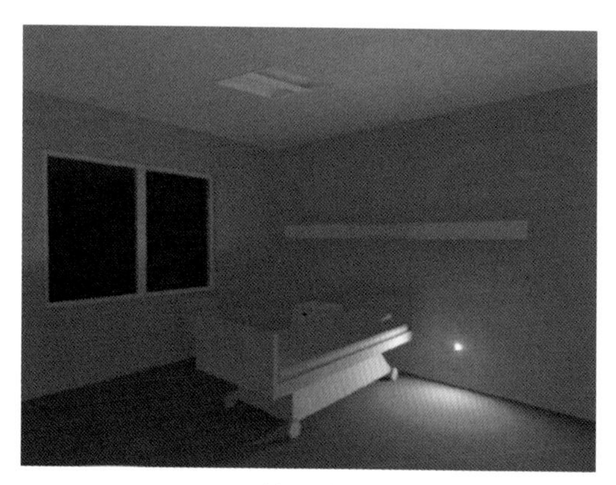

夜间模式

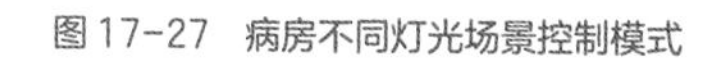

图17-27　病房不同灯光场景控制模式

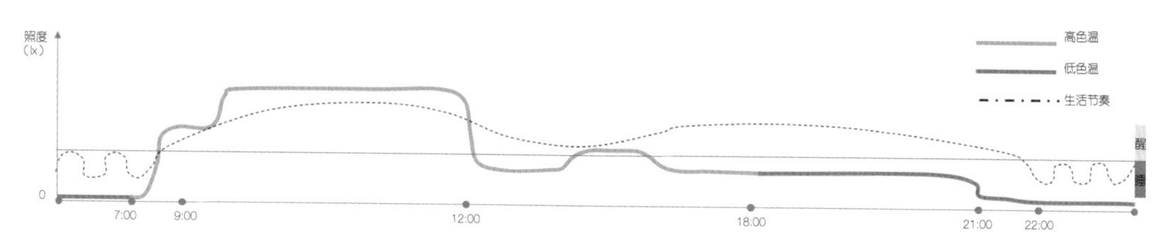

图17-28　生物节律图

图 17-29　兰州军区总医院

图 17-30　手牵手母婴管理中心

病房走廊全天 24 小时使用，白天活动和夜晚休息不同需求应设置不同场景。白天模式灯光环境整体相对较亮，尽可能引入自然光照，对生理和心理有一定的积极影响，地面照度 200lx 左右，如在走廊尽头有自然光，应考虑窗边与走廊的照度关系，避免剪影，产生安全隐患；傍晚模式灯光调暗，照度 100lx 左右；深夜模式灯光，照度 50lx 左右，可开启低位灯（图 17-31）。

病房护士站

病房护士站主要作为接待咨询、入院登记、书写及存放病历、护理准备、处理医嘱，接受患者呼叫信号、集中监护等，是医务人员与患者联系的枢纽，一般位于护理单元中间位置，可通视护理单元走廊。照明应提供明亮、清洁的光环境，是病区中最醒目的区域，而且要保持全天候亮灯。

照明上需要满足复杂的阅读、书写功能需求，方便交流，具有一定立面照度，色温建议 4000 ~ 5000K，环境照度 300 ~ 400lx，局部工作照度建议为 500lx，避免护士长期处于高照度环境容易产生疲劳，同时能保证工作期间能够高效工作。常见照明手法如图 17-32 ~ 图 17-34 所示。

白天模式

傍晚模式

深夜模式

图 17-31　病房不同场景控制模式

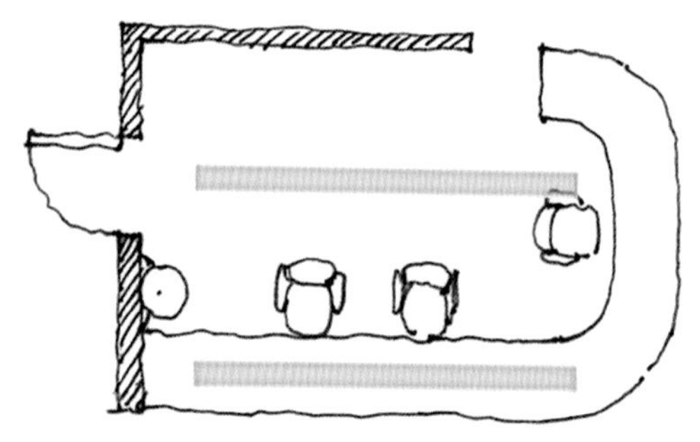

图 17-32　线型灯具

图 17-33　筒灯

图 17-34　间接灯槽 + 筒灯

另外考虑在视觉上形成很好的导向和标识，护士台里面或者标识牌或者服务台可做一些立面照明，便于识别（图 17-34、图 17-35）。

图 17-35　护士站灯光布局示意及氛围

17.2.5 常用灯具

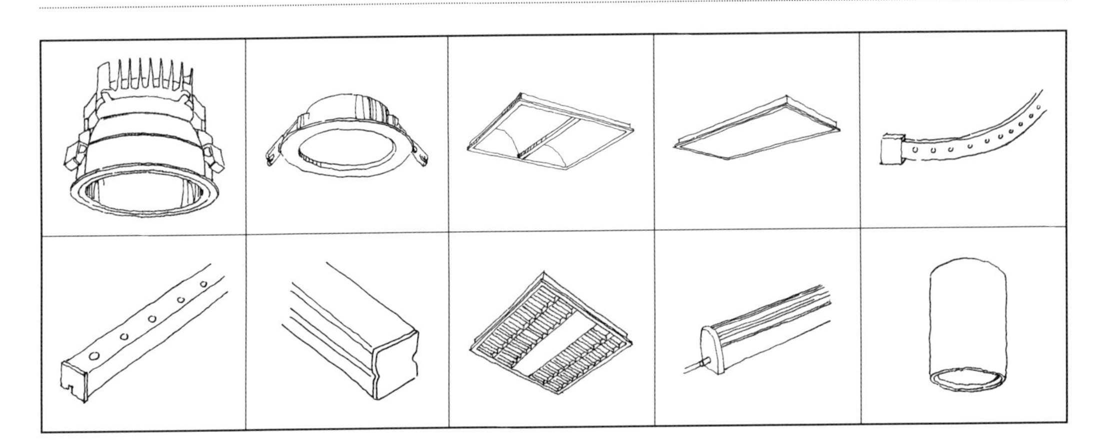

17.3 案例分析

17.3.1 金华康复医院

金华康复医院位于浙江金华，提供专业化的康复医疗、慢病管理、健康管理等服务，构建集医疗、康复、护理、教学、科研、健康管理于一体化的康养医疗机构，满足当地民众的康养需求。

大厅

入口大厅是进入医院的第一个空间，是塑造医院良好形象的重要空间，空间连接室内外，挑高 2 层约 7m 高，通过间接照明将天花洗亮，天花灯提供基础照明，地面照度约 350lx，整体色温 4000K，营造明亮的空间氛围，满足咨询、挂号、缴费等活动需求，且室外到室内有很好的照明过渡。灯具两个一组布置，满足使用功能，同时也使得天花更为简洁，灯具间距 2.6m，功率 20W。

通道

通道是连接各个部门的过渡区域，筒灯靠走廊两侧布置，地面照度约 200lx，色温 4000K，灯具 10W，间距 2.4m。

门诊室

门诊室分为检查区和分析区，分别布置一盏平板灯，35W 4000K，灯具间距 2.4m，检查区床面和分析区桌面照度 300lx，满足检查、观察、记录等所需的要求，灯具 UGR 小于 19。

护士站

护士站筒灯提供基础照明，护士台面板灯提供局部重点照明，工作面照度 500lx，色温 4000K，避免护士长期处于高照度环境容易产生疲劳，同时保证高效工作。

病房

病房每个床位上方设置一个防眩面板灯，UGR 小于 19，床面照度 300lx，满足医生检查，顶灯采用每个床位单独控制有助于医生处理紧急情况，方便使用。过道筒灯，满足护士巡检需求，色温 4000K，中性光营造相对轻松的氛围。

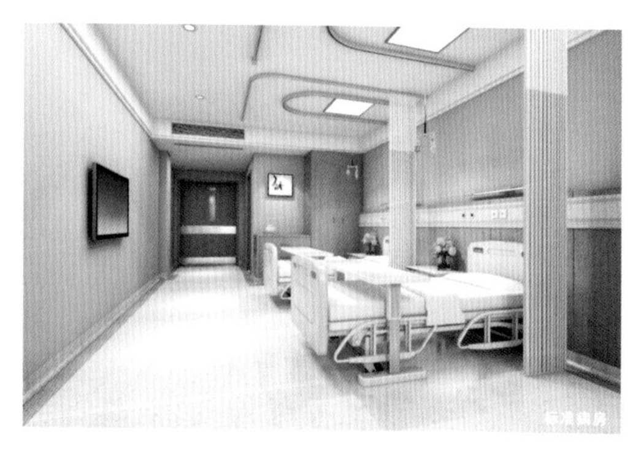

18 交通空间

18.1 交通空间概述

18.1.1 交通空间界定

18.1.2 交通空间照明意义与目的

18.1.3 交通空间照明要点

18.1.4 交通空间照度、色温需求概述

18.2 交通空间照明方式与手法

18.2.1 航站楼

18.2.2 高铁站

18.2.3 地铁站

18.2.4 常用灯具

18.3 案例分析

18.3.1 北京大兴国际机场

交通空间

18.1 交通空间概述

18.1.1 交通空间界定

交通建筑空间特指为交通运输提供服务的交通功能的公共空间，本章中特指提供为旅客提供客运服务的地铁、铁路站房、航站楼三类建筑空间。

旅客希望得到准时、高效、便捷、舒适的客运服务，动静分明、流量大、密度高、人流目的性和方向性强是交通空间的共同特点。

18.1.2 交通空间照明意义与目的

提高空间辨识度，展现地区特色；
营造明亮、高效、舒适的环境；
提供引导性、识别性、方向感；
满足办理、通行、等候等多种任务；
利于工作人员长时间高强度的工作。

18.1.3 交通空间照明要点

交通空间是一类功能性很强的空间，人们在空间内有明确的活动目的和行为特点。交通空间设计的趋势，趋向于空间高大、功能灵活的方向发展。因此，交通空间照明应从交通建筑本身的特点出发，从人的活动及其需求出发，把实现空间功能、满足旅客需要作为首要任务，并且同时考虑到高大空间对照明设计的要求，如空间感受、安装维护等方面。

实现功能要求并提供舒适环境

旅客在交通空间内的相关活动大致可分为互动、行进、等候等三类。

第一类为购票、取票、值机、托运、安检、验证、边检等活动，人们活动偏动态，视觉作业要求较高；照明环境应便于旅客和工作人员相对仔细的视觉作业。

第二类是旅客在空间内的行进，是相对高速的动态活动，空间照明环境应当能为旅客提供良好的秩序感、方向感、空间感、可识别性可引导性。

第三类是旅客的候车候机，在铁路站房和航站楼，相对较长的等候时间中，人们的活动会有休憩、阅读、交谈等，大多是静态的，空间光环境应以舒适柔和为主，

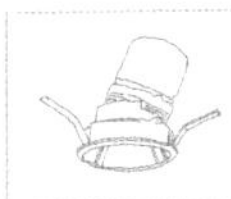

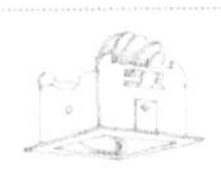
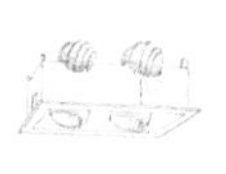
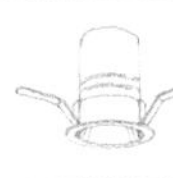
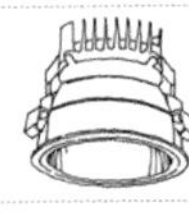
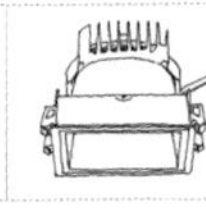
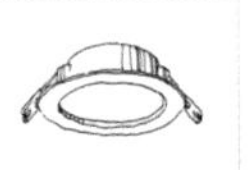

并且可以加强局部区域照度以满足少部分阅读书写的需要。

强化视觉认知、展现空间特色

交通空间照明设计应营造清晰明确的空间感，让人对空间快速建立印象、把握形态、理解方位。要建立方位感、提供引导性，就需要有秩序的灯具排布、有逻辑的照度/亮度分布、有目的的光环境转变。

铁路站房和航站楼一般有高大的空间，利用建筑化的照明设计，将建筑造型的特点表达出来，既能强化空间感，也能凸显空间特色，提高空间的辨识度。

满足绿色节能、便于安装和维护

除了采用 LED 光源及高效灯具之外，应利用照明智能控制系统设置场景模式，并加上照度传感器实现光感控制，节约照明用电。大空间的灯具安装和维护较为不便，需要考虑检修马道设置，灯具安装支架的设置也要便于安装和维护；或者采用反射照明结合低位灯杆照明的形式，减少顶部灯具的安装维护工作量。

18.1.4 交通空间照度、色温需求概述

主要通行、等候区域应满足基础功能照明，地面照度为 150 ~ 200lx；非主流线区域的走廊和流动区间，地面照度可降低至 75 ~ 150lx。人流量大的地铁进出站台等区域，地面照度则须达到 300lx；工作照明一般为有视觉识别需求的区域如售票、值机、安检、边检、托运、行李提取等，台面照度要达到 300lx；对于相对精细作业的区域如售票工作台、公安验证、值机柜台、安检柜台、地铁闸机（刷卡/人脸识别）等区域，台面照度要达到 500lx。除此之外，为保证立体感，通行、等候及工作区域的垂直照度建议不低于水平照度的 1/3。

地铁、铁路站房、航站楼等室内人员长时间活动的空间，功能照明色温一般不宜高于 4000K，但对环境、空间和建筑进行特殊表达的装饰或氛围照明可不按此要求。各大空间色温在 3000 ~ 5000K 之间，公共卫生间为 4000 ~ 5000K 之间，办公室、控制室色温为 4000K，贵宾室、休息室等以 2700 ~ 3500K 之间，以利于人们放松心情。

另外需要注意的是地铁、铁路站房、航站楼照明应高度重视照明节能。功能照明中，筒灯灯具效率不低于 70lm/W，而灯带效率则不低于 90lm/W。

18.2 交通空间照明方式与手法

根据空间功能和旅客行进路线，除了各交通空间都有的通道和扶梯区域之外，地铁空间可分为门厅（出入口）、站厅、站台等主要区域。铁路站房可分为售票厅、进站大厅、候车大厅、出站大厅/通道等主要区域，站台虽不属于站房建筑，但同样是灯光的设计范围。航站楼空间则可分为出港大厅、安检边检、候机大厅（候机指廊）、行李提取、进港大厅几个主要区域。

18.2.1 航站楼

出港大厅

出港大厅是旅客进入航站楼的第一个

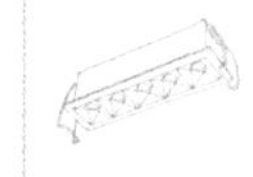

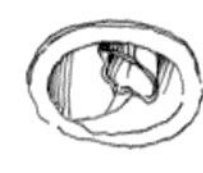

空间，建筑空间通常高大、通透、开敞。人流和商业密集，旅客在此需完成办票、值机、托运等流程（图 18–1）。

图 18–1　出港大厅

机场航站楼作为超大型的交通枢纽，不仅要注重乘客的视觉感受，更要确保机场各个区域内的每一幢建筑的标识全天候都具有最佳辨识度。大型空港的进出港大厅通常都设计成整体高大空间，因此可考虑强化顶棚的视觉感受，可透过上照灯具将顶棚打亮。另外，应满足旅客查看航班信息、办理登机手续、托运行李等，提供明亮均匀的光环境。

照明的手法除了常用的直接下射灯光之外，还可采用较大功率的灯具照射顶棚的间接照明。但从照明节能的考虑，全部采用间接照明的手法并不节能，直接照明和间接照明的结合运用更为合适。对于直接照明使用的灯具，需要从美观和易于维护检修的角度，充分考虑灯具的排布和安装方式。另外可搭配间接照明与壁装灯具、低位立柱灯具等作法，形成多层次、立体化的空间照明效果，可以有效地提高照明均匀度和减小阴影面积（图 18–2、图 18–3）。

图 18–3　出港大厅灯光布局示意图（二）

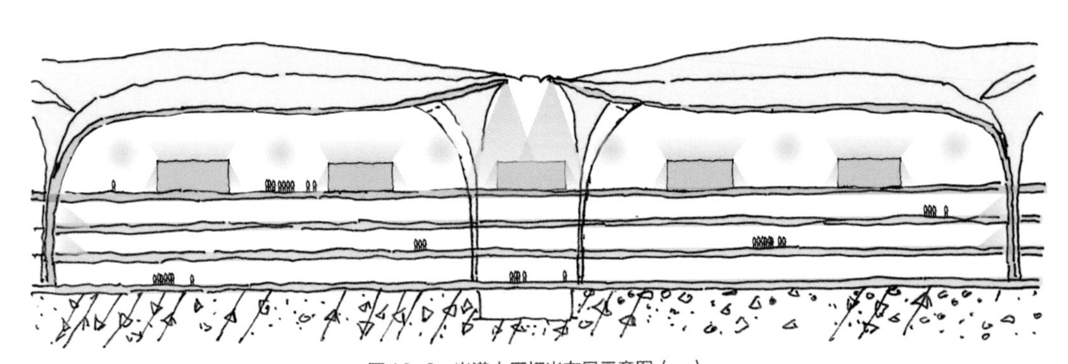

图 18–2　出港大厅灯光布局示意图（一）

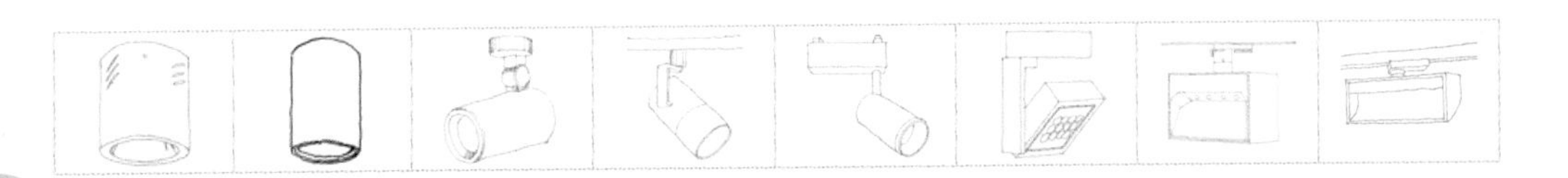

图 18-4 值机柜台灯光布局示意图

办理登机手续、托运行李等服务柜台应设置重点照明。通常可采用发光面均匀柔和的线型灯具设置在台面上方（图 18-4、图 18-5）。

多数出港大厅设置有天窗自然采光，因此在进行照明设计的时候，需结合自然采光的分析，进行灯具排布、回路划分以及控制系统设计。

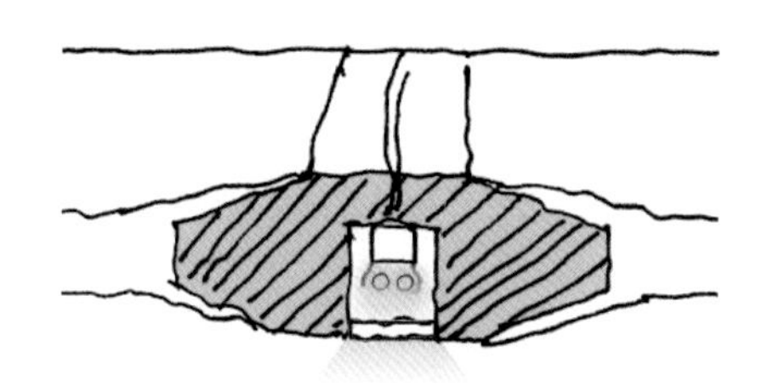

图 18-5 灯具安装节点图

出港大厅需满足地面基础照明，地面平均照度标准为 200lx，值机柜台平均照度为 500lx。

灯具安装高度除顶棚、工作台面就近安装外，立杆灯具高度在 4 ~ 6m 的范围；照射顶棚灯具可安置在值机岛顶、商业仓顶或采用灯杆顶部安装方式。

安检边检

旅客在出港大厅完成手续后，接着来到了安检大厅。安检大厅空间通常相对密闭，层高稍低，功能单纯。旅客心情转为平稳，所有出发旅客需在此完成登机前最后一个流程。

安检通道的照明方式宜选择直接照明，可采用点、线、面光源灯具均匀布置在空间上方。LED 平板灯或者发光膜等漫射光灯具能保证被照区域明亮均匀，同时也有利于消除阴影，方便检查（图 18-6）。另外，可根据现场空间设计设置间接照明，适当的间接照明可降低压抑感（图 18-7）。柜台应设置重点照明，宜选用发光面均匀柔和无眩光的灯具（图 18-8）。照度应满足安检通道及安检作业面的功能照明，安检区作业面平均照度为 300lx。

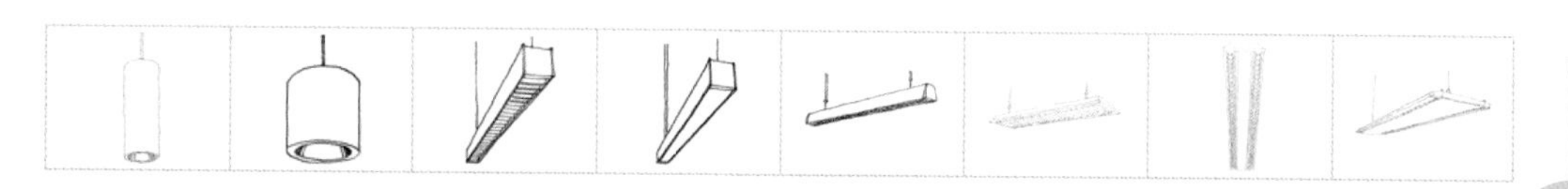

图 18-6　安检通道照明方式

图 18-7　安检通道采用间接照明

图 18-8　安检柜台

指廊

指廊是出发旅客离开空港的最后一个空间，也是到达旅客进入航站楼的第一个空间。建筑空间一般为狭长、通透、开阔，人流和商业相对密集。出发旅客完成一系列流程后心情平静，找到登机口后静待登机，通常有较多时间逗留休息和休闲购物。

指廊候机区域的重点在于人群的逗留，照明手法需舒适，严格控制眩光，空间光氛围的组成需具有层次感，视觉效果节奏舒缓。可采用反射照明形成宁静柔和的光环境，以缓解旅客的心情。若采用顶棚反射的照明方式。也应有部分光线投向顶棚，使其亮度与其他表面的平均亮度比值不低于 1 ∶ 5，以保证整体环境的亮度对比。

在候机厅的休息区域（设置座椅的区域）宜设置供旅客阅读等视觉工作的照明，采用立柱式的二次反射照明，以便于控制眩光并与整体照明环境相协调。

在候机厅的旅客行进区域需考虑照明的连续性，且平均照度可较休息区略高，以增强该区域的引导性。

天花灯具布置可采用直接、间接或两者搭配的照明方式。在 4.5m 层高以下空

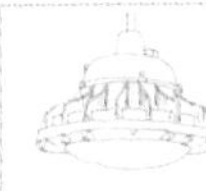
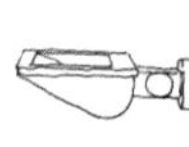
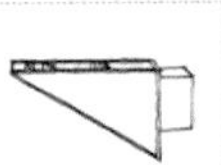

间，照明主要考虑直接照明方式，采用直接照明为主，装饰照明和间接照明为辅；在高空间，即层高超过 4.5m 的区域，顶面有特殊造型的，可以考虑间接照明表现空间结构为主（图 18-9、图 18-10）。

候机区地面基础照明平均照度为 150 ~ 200lx，普通候机区地面平均照度标准为 150lx，而高档候机区地面平均照度标准为 200lx。同一个机场的候机区（不含独立的高舱位候机区、贵宾候机室等）尽量采用相同色温。

行李提取

到达旅客通过指廊后来到行李厅等待行李的提取，空间通常形态简洁，高大开敞，功能单纯。

一般采用直接照明方式，灯具多为嵌入式下照灯具，灯具根据行李回转台的形状及方向布置，提高转盘区域照度。另外可在立柱、墙面增加装饰性照明，为空间增加趣味性（图 18-11）。

行李提取厅一般开间大并且没有采光，容易给人压抑沉闷的感受，可以适当提高分区之间的亮度和照度对比度，或者采用高色温、高照度的照明方式模拟日光，调节旅客情绪，改善空间感受。

应满足行李提取厅通道及行李提取传送带作业面的功能照明，行李转盘上平均照度为 300lx，通道区域照度 200lx。色温为 4000 ~ 5000K。

进港接机大厅

到达大厅是旅客提取行李后离开航站楼的最后一个空间，建筑空间形态简洁，高大开敞。接机人员、旅客密集。

此区域的照明目的在于使乘客快速通

图 18-9　指廊不同灯光设置方式

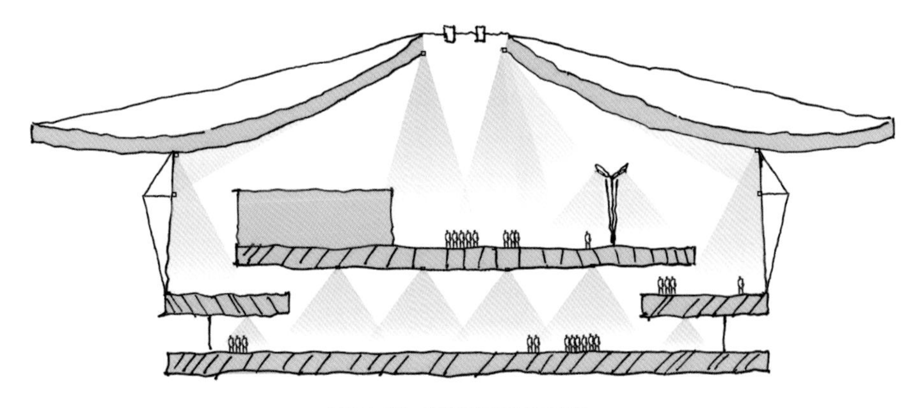

图 18-10　指廊灯光布局示意图

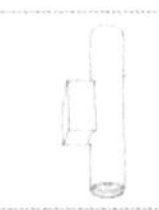
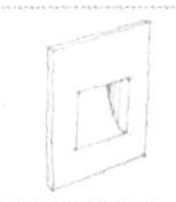

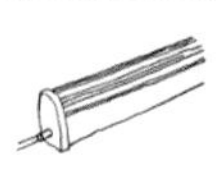
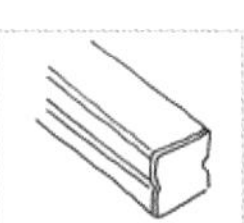

(a)

(b)

(c)

(d)

图 18-11　行李提取区不同灯光布局方式

行，照明手法不宜太过复杂，以均匀明亮为主。由限制出口进入接机大厅时，乘客和接机者都处在辨识面貌的过程中。需适当考虑垂直照度。另外，应减小行李提取厅作为背景时的亮度对比及注意限制出口方向的眩光（图 18-12）。

照度需满足地面基础照明，地面平均照度标准为 200lx。

图 18-12　接机大厅

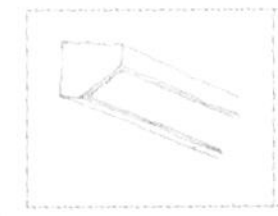 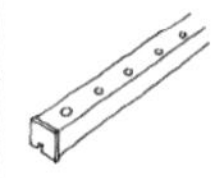      

通道走廊

通道连接了各个流程空间，通常狭长指向性明确，相对密闭，是旅客短暂通过的过渡空间。灯光可选择直接照明，以保证通道明亮均匀，确保通行安全和效率（图 18-13）。也可考虑适当的使用间接灯光避免长通道的单调感，并消除压抑感（图 18-14、图 18-15）。照度应满足通道地面平均照度 150lx。

图 18-13　通道下照灯光布置方式

图 18-14　通道间接灯光布置方式

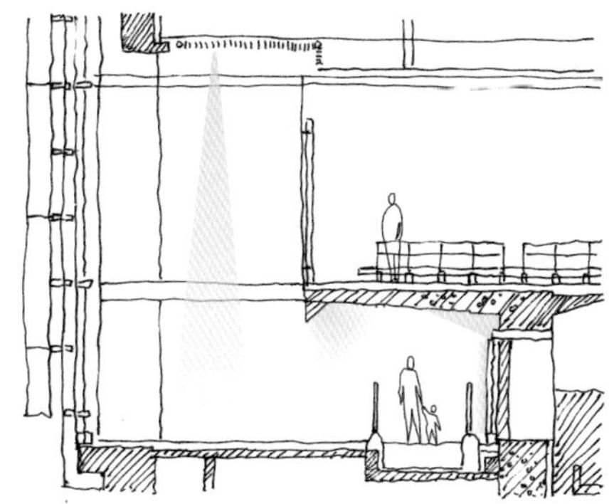

图 18-15　通道多种灯光结合布置方式

18.2.2　高铁站

进站大厅

高架站房一般有挑高的进站大厅，多与城市交通接驳，乘客通过扶梯可以到达候车大厅。进站大厅作为站房入口的第一个空间，并且空间较为高窄，同时人流密度大，又有安检、验证的作业区域，应当注意保证充足的照度，同时展现出高大空间的特点（图 18-16）。

图 18-16　进站大厅

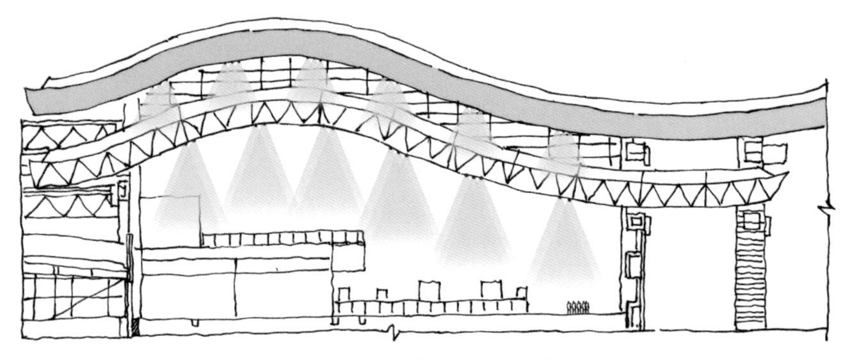

图 18-17　进站大厅灯光布局示意图

一般采用窄光束下射筒灯作为主要的功能照明（图 18-17），为了表现空间和建筑特点，也可设置，投射顶棚、墙面和幕墙立柱的投光灯。

进站大厅和候车大厅以及两侧的商业、售票空间有贯通的空间，应当充分考虑到各个相邻空间之间照明的相互影响。一是避免大空间照明灯具对不同净高区域旅客的视觉干扰，二是控制好不同区域照度需求的差别，避免环境中光源种类和光源数量过多。

进站大厅紧邻正立面玻璃幕墙，白天自然采光较为充足，应注意遮阳，且避免眩光；在白天，应控制人工照明照度（水平照度及垂直照度）与自然采光的对比度，控制自然光与人工光照明区域之间的过渡和对比。可以提高局部区域的人工照明，达到与采光区域之间高亮度的缓和过渡。人工照明照度、色温宜随天然光变化自动调节，应独立控制、计量；应避免产生光污染，避免应不恰当的照明方式、设备选型、灯位布置等削弱信息发布屏的辨识度。

候车大厅

候车大厅是站房最重要的大空间，也是站房商业、娱乐休闲、展览展示等复杂程度最高、需求最为多样性的空间。

候车大厅作为旅客等候的主要空间，并且空间较为高大，同时人流密度大，有检票验证的作业区域，应当注意保证作业区的充足照度，同时展现出高大空间的特点。灯光做法与进站大厅类似，一般采用下射的直射照明作为主要的功能照明，并以投射屋顶、墙面和幕墙立柱的投光灯来表现空间和建筑特点（图 18-18）。

图 18-18　候车大厅灯光布局示意图

候车大厅除面积大、空间高外，还有广告、大屏、标识、商业设施橱窗和 LOGO 等多种光源，应当充分预估各种光源结合形成的整体效果和相互影响，避免过多的视觉干扰。空间中的基础照明灯具，应当尽量造型简洁，统一有序。可以考虑多个灯具成组布置，减少视觉上的复杂度。同时控制好不同区域照度需求的差别，避免环境中光源种类和光源数量过多（图18–19）。

图18–19　候车大厅成组灯具布置

不同站型的候车大厅空间形态差别较大，线下式站房、线侧式站房的夹层下候车厅高度一般在6m左右，一般采用中光束筒灯作为功能照明，也可结合吊顶形式采用线型照明灯具。

线上式的高架站房、线侧式站房的主要候车厅，空间高度一般超过10m，最高可达20m以上，一般采用中窄光筒灯作为功能照明，有时可结合投射顶面的反射照明以及立杆照明。

出站大厅及出站通道

出站大厅作为旅客进入城市的第一个入口空间。一般空间较高，高度在6～10m，有室内或半室外空间，主要功能是迎接旅客到达并疏导人流换乘或到所需要乘坐交通工具的指定区域。在保证充足的照明同时要体现一定引导作用（图18–20）。

图18–20　出站大厅

可采用窄光束下照筒灯配合建筑结构特点排布，为了更好的展现建筑特色可以增加一些辅助照明，如投射顶棚的间接照明或墙面及立柱的重点照明。

根据不通区域不同照度需求差别合理使用不同功率光源，避免灯具对不同净高区域的旅客造成视觉干扰。

18.2.3　地铁站

地铁门厅

门厅是地铁的前脸，也是地铁的指示标志，此空间属性一半室内，一半室外。地铁站一般处于城市的主要街道干道，周边有环境光，不必过多考虑室外灯光。此区域照明目的在于指引乘客快速识别站点的位置。灯光以下照灯具为主，以满足地面基础照度为目的，地面平均照度标准为300lx。

地铁站厅

站厅空间是地铁内的最大的空间，主要空间以均匀照明为主，地面平均照度为200lx（图18-21）。此外，本空间还同时包含了旅客所需的功能划分区域及工作人员的使用区域。

图18-21　地铁站厅

售票室、综控室（行车、电力、机电、配电）、客服中心等作为对内或部分对外的空间，主要满足工作使用需求，可根据办公空间照明要求来设计。

自动检票机、人工检票处等区域应该提供基础照明满足检票通行等功能，部分城市已开始启动人脸识别检票系统，通过人的面部识别，让出入闸机变得更加便捷。此处周边的平均水平照度和垂直照度需要一定程度的提升。自动售票机主要自带显示屏，因此机台周边环境亮度不能太低，否则容易造成亮暗对比强烈，导致看不清显示屏上的文字信息。另外，如在地铁初期规划在墙面或独立区域设置公共艺术陈列设置，应事先考虑设置相应的照明设备，在靠近墙面的天花部位可设置洗墙照明满足在墙面展示的不同平面艺术品。如艺术品属于定期更换且安放位置不仅仅位于墙面，则应考虑灯光的多元使用性，可采用轨道系统，方便后期不同艺术品的灯光调整方案。

地铁站台

地铁站台在地铁停靠时，上下列车的乘客人流瞬间爆发，人员密度非常大，安全性是非常重要的。双向车流的中岛过渡区应保证均匀且满足基础照度。而站台内上下列车的连续区域应增加重点灯光保证旅客上下车的安全，站台线路指示牌可用线性灯具提供高照度的灯光来凸显指示牌，让乘客很容易辨识列车行进的方向、换乘地点以及本站停靠的站点名称等，同时也可以帮助提高此区域地面照度（图18-22）。地铁站台区域地面平均照度标准为200lx，上下客局部区域则可提升一至两个照度等级。

(a)

(b)

(c)

图 18-22 站台候车及上下车区域

18.2.4 常用灯具

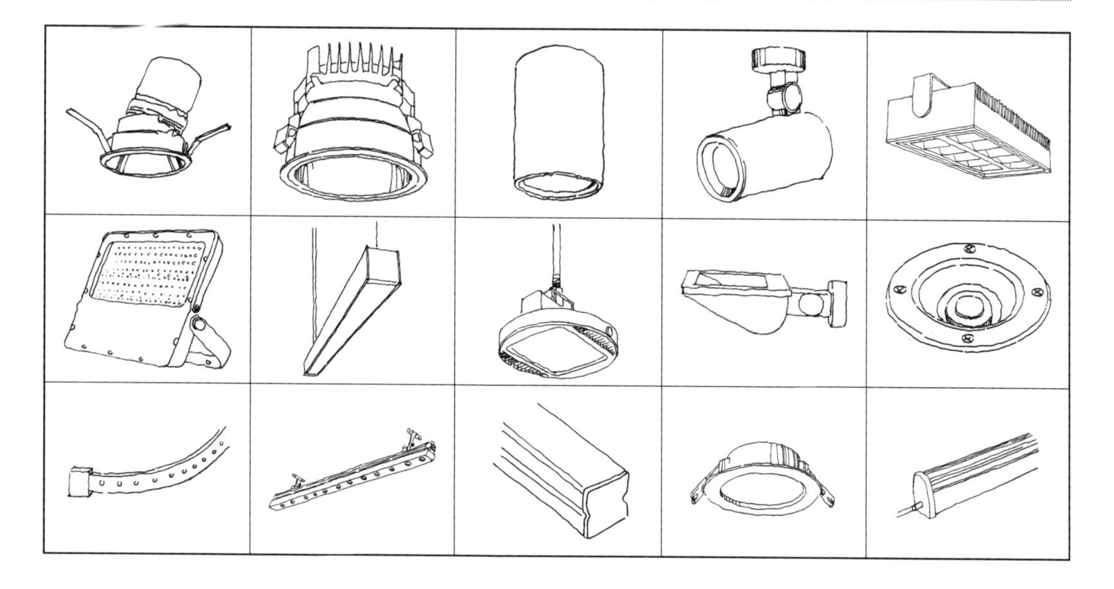

不同区域灯具使用虽有相同的，但也有存在一定的差异性，下列表 18-1 为不同空间的灯具使用情形。

表 18-1

区域	灯具类型	技术要求	注意事项
进站大厅	筒灯	中功率，窄光束 具有导引功能	注意高大空间灯具的安装和维护方式
候车大厅	筒灯	中功率，中窄光束	
	上射投光灯	中大功率，宽光束	控制眩光，宜设置间接照明提高垂直照度，降低照度对比
	灯杆	中功率，中宽光束	
出站大厅	筒灯、线型灯具	中小功率，窄光束 具有导引功能	

区域	灯具类型	技术要求	注意事项
站台	筒灯、线型灯具	除满足水平照度外，需考虑一定的垂直照度	出口大厅是进出火车站重要区域，其照明效果应具有明显辨识度及方向指引性，同时还要考虑对于大量人流安全性的影响
售票厅	筒灯、线型灯具	中功率，窄光束 提供局部照明	足够的亮度满足售票员的操作需求。注意灯具与收银员的位置关系，避免灯具投射产生阴影妨碍操作
贵宾厅	筒灯、灯槽、花灯、射灯等	宜暖色温，具有多种场景；严格控制眩光	
地铁站厅	筒灯、面板灯	中功率，宽光束	注意照明的均匀度，减少眩光的不适感
地铁站台	面板灯、线形灯	中功率，宽光束	注意照明的均匀度，减少眩光的不适感
出港大厅	筒灯、可调角射灯	中大功率，中窄光束 契合空间形态、颜色	出港大厅层高较高，需考虑灯具的检修，托运柜台应确保工作效率和安全，注意灯具和托运员位置关系，避免阴影，减少眩光的不适感
	投光灯、线性投光灯	中大功率，中宽光束 造型简洁、体积小，易隐藏	适当表达建筑文化内涵，控制眩光、亮度，避免视觉干扰，强化空间辨识度，便于检修
安检边检	筒灯、线型灯、面板灯	中小功率，宽光束 功能优先，具有导引性	兼顾人脸识别区的垂直照度
指廊	筒灯、面板灯	中小功率，中宽光束 具有渠化性	流通区应确保高效安全，候机区应确保舒适，功能房设置重点照明，减少眩光的不适感
指廊	投光灯、线性投光灯	中小功率，中宽光束 造型简洁、出光均匀柔和	重要节点、商业核心区、候机区，适当表达建筑特色，控制眩光、亮度，避免视觉干扰
行李厅	筒灯、面板灯	中小功率，中宽光束 契合空间形态、颜色	提供行李带充足的照度，确保安全，快速识别，减少眩光的不适感
	投光灯、线性投光灯	中大功率，中宽光束 造型简洁、出光均匀柔和	适当表达建筑特色，分散等候的焦虑，控制眩光、亮度，避免视觉干扰
接机厅	筒灯、面板灯	中小功率，中宽光束 具有疏导性	减少眩光的不适感，避免视觉干扰，高效而安全
	投光灯、线性投光灯	中大功率，中宽光束 造型简洁、体积小，易隐藏	适当表达建筑文化内涵，控制眩光、亮度，避免视觉干扰，强化空间辨识度，便于检修
通道走廊	筒灯、线型灯、面板灯	中功率，宽光束 中低高度确保净高	照度均匀，减少眩光的不适感

18.3 案例分析

18.3.1 北京大兴国际机场

北京大兴国际机场航站楼的照明设计，考虑到后期维护的问题，在设计初期，就尽可能减少顶棚安装灯具。因此采用多种照明方式因地制宜的结合起来，以反射照明和下射照明的方式为主，在局部补充灯杆以加强局部区域照度，并在板边和浮岛顶部设置灯槽。

屋面下的整个大空间，平面功能复杂，包含了值机大厅、安检区、中央大厅、候机指廊、商业空间，还有高舱位候机区和一层的迎客大厅。多种照明方式的组合，能充分适应不同区域的功能要求和空间形态。由于减少了下射灯，并且灯位聚集在仅有的两组马道上：维护方便，减少马道，降低造价。而增加的反射照明，不仅提供了相对均匀柔和的基础照度，也表达建筑造型，营造巨大的空间感。

在层间区域，吊顶采用了一致的设计造型，与室内设计相适应，主要采用均匀布置的下射筒灯，利用灯具功率的不同，以及单灯或者双灯成组的布置方式的不同，满足不同区域的照明要求。

整体大屋面下方区域

航站楼的屋面平面是一个五指形状，五指之间呈 60° 夹角，正中是一个巨大的六角形天窗，天窗六个角沿着五个指廊的轴线以及值机大厅的中轴线延伸，形成六个采光天窗带。除此之外，还有八个椭圆形采光天窗分布在天窗带夹角之间。

顶部安装灯具的分布逻辑非常清晰简单，沿着所有天窗边缘，排布一圈对称配光的下射筒灯，沿着建筑外围玻璃幕墙立面分布一圈偏配光下射灯具，在中央天窗下还设置了六组下射灯具。精简的灯具数量，清晰的灯位布局，不仅减少了吊顶内马道的长度，减轻了屋面结构负载，还大大降低了后期维护的工作量。

顶部下射灯并没有为空间提供全面完整的照明，还需要其他照明方式的补充。在值机大厅的值机岛顶部、幕墙的 12.5m 标高位置以及中央峡谷区域的楼板边缘和浮岛顶部，还设置了投射顶面的投光灯，将值机大厅顶面、中央峡谷区域顶面和整座建筑吊顶的边缘照亮。吊顶采用了超高反射率的漫反射涂料，有效的将光线反射到下部，为整个空间提供了柔和的反射光。除此之外，还在指廊的候机座椅区域，设置了灯杆，提高部分座椅区的照度，为候机旅客提供了有差别的照明。

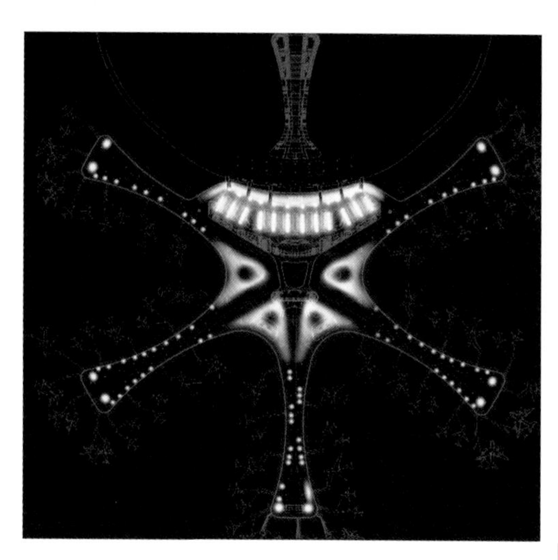

层间区域

层间区域采用了基本一致的照明方式，吊顶设备带间距大约3m，灯具也按3m左右间距沿顶的设备带等距布置。根据不同区域的照度要求，采用不同功率的灯具，局部需要高照度的区域，采用双灯布置。

整个航站楼四十多万 m^2 空间内，造型复杂，高度不同，照度要求也各不一致，加上门斗、登机廊桥、楼梯和钢连桥下等特殊位置，对灯具功率和配光也有不同的要求。设计中考虑到灯具选型应当尽量简化，总共采用了5种不同功率和配光的筒灯，满足了所有区域的照明需求。

行李提取大厅

行李提取大厅是航站楼内最大的一片无自然采光区域。行李转盘上方的吊顶采用了垂片形式，在垂片间设置高色温的LED灯带并提高此部分的照度，加强了对转盘上行李的照明，高色温高亮度的垂片吊顶，模拟了天光效果，消除了这个区域没有采光带来的压抑感，有效改善旅客的感受。

19

工业厂房及仓储空间

工业厂房及仓储空间

19.1 工业厂房及仓储空间概述

19.1.1 工业厂房及仓储空间界定

工业厂房指直接用于生产或为生产配套的各种建筑空间，包括主要生产车间设施用房等。

工业厂房空间类型有多种分类方式。按用途主要分为生产空间、仓储空间。

按生产环境可分为通用型厂房（图 19–1）、爆炸和火灾危险性厂房（图 19–2）、洁净厂房（图 19–3）、环境恶劣厂房（图 19–4）。通用型厂房指正常环境下进行生产的厂房；爆炸和火灾危险性厂房指正常生产或者存储有爆炸和火灾危险物的厂房；环境恶劣厂房指多尘、潮湿、高温或有蒸汽、振动、厌恶、酸碱腐蚀气体或物质、有辐射性物质的生产厂房；洁净厂房则是需保持高度清洁的空间。

图 19–1　通用性厂房

图 19–2　爆炸和火灾危险性厂房

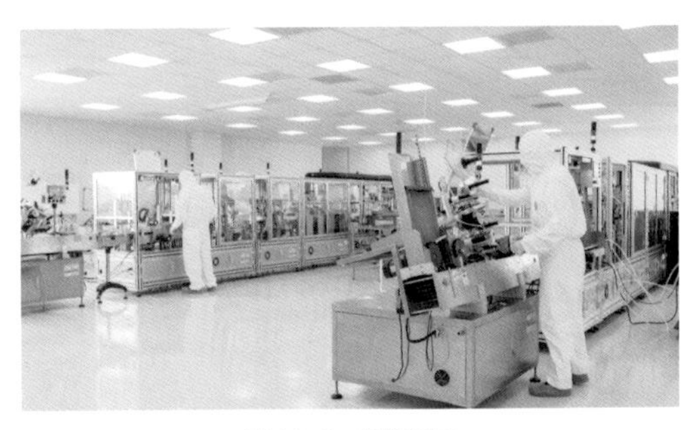

图 19–3　洁净厂房

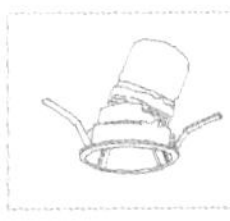

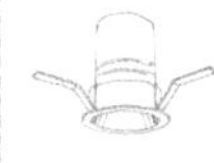
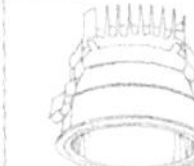
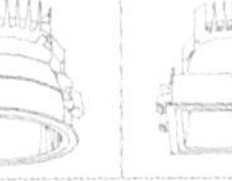
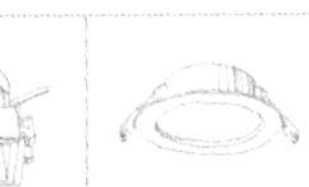

图 19-4　环境恶劣厂房

按空间高度分为高空间、中空间、低空间。高空间指高于 12m 的通用型工业厂房及仓储空间，中空间是 8 ~ 12m 内的通用型工业厂房及仓储空间，低空间指 8m 以下的通用型工业厂房及仓储空间。

按行业类别可分为机械、电子、纺织、化工、制药、橡胶、电力、钢铁、造纸、食品、玻璃、水泥、皮革、烟草、石化、木业工艺厂房等细分行业。

仓储空间指通过仓库对物资及其相关设施设备进行物品的入库、储存、出库的活动。它随着物资储存的产生而产生，又随着生产力的发展而发展。仓储是商品流通的重要环节之一，也是物流活动的重要支柱。

仓储空间按仓储类型可分为地面型（图 19–5）、货架型（图 19–6）和自动化立体库（图 19–7）。

图 19–5　地面型

图 19–6　货架型

图 19–7　自动化立体库

仓储空间按存储商品的性能及技术设备不同分为通用仓库、专用仓库（专门用于对存放物资有密封、防虫、防霉、防火及监测要求的仓库）、特种仓库（存放化工产品、危险品、易腐蚀品、石油及药品等，有冷藏库、保温库、危险品仓库）、物流分拣区（图 19–8）。

图 19–8　物流分拣区

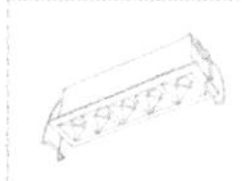

19.1.2 工业厂房及仓储空间照明意义与目的

保证生产人员、设施、物资安全；
提高生产效率；
提升空间形象；
提升员工工作舒适度。

19.1.3 工业厂房及仓储空间照明要点

工业厂房的照明基于建设和启用流程，分为一次照明和二次照明，一次照明基于厂房地面照度的均匀性要求提供一个安全的生产空间，照度比不应超过 1 ∶ 2，二次照明则基于设备安装位置生产工艺要求，在一次照明的基础上配置局部的重点照明。

仓储空间的照明主要针对货架立面的照明，追求货架立面照明的均匀性，以人眼视觉立面区域为重点；物流分拣区则以提供平面照明为主。

单体面积在 1 万 m^2 以上的大面积空间，应结合运用照明智能控制系统，实现自动分区照明达到节能目的。

19.1.4 工业厂房及仓储空间照度、色温需求概述

工业厂房一次照明的照度要求，地面基础照明为 150 ~ 200lx 之间，而二次照明照度要求则根据生产工艺要求而定。

仓储空间货架立面视觉高度的基本照度要求为 100lx 左右；分拣包装区的工作平面照度则为 150lx 左右。

工业厂房及仓储空间的色温选择，一般情况下多采用色温 5000K 左右。有操作危险的场所，需要操作人员特别提高专注度的场合，则会采用更高色温，色温在 5300 ~ 6500K 之间。

19.2 工业厂房及仓储空间照明方式与手法

19.2.1 工业厂房

一次照明设计

新建或改建厂房需要设置用于基础照明的一次照明。首先确定厂房空间天花结构梁和桁架结构形式及高度，合理确定及布置灯具安装节点，尽量与梁及桁架结构点相同，以均匀布置为主，减少挑空安装的设计，既避免与行车的高度冲突，也提高灯具安装、检修、更换的便捷性（图 19-9）。

通用性厂房的灯具布置基本方法是，根据厂房天花梁及桁架节点，确定灯具间距，选择恰当的灯具光束角及功率，尽量做到均匀布置，确保地面照度均匀。而天棚灯是通用厂房常用的照明设备。具体灯具选择如表 19-1 所示。

除上述功率要求，如果顶棚不受梁及桁架等安装节点的限制，则可根据表 19-2 灯具布置的距高比，选择对应的光束角以达到均匀照明的结果（表 19-2）。

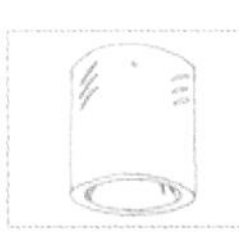

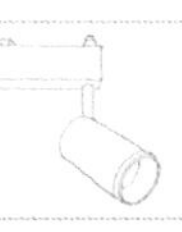

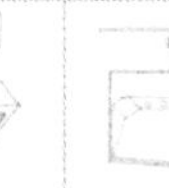
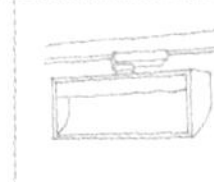

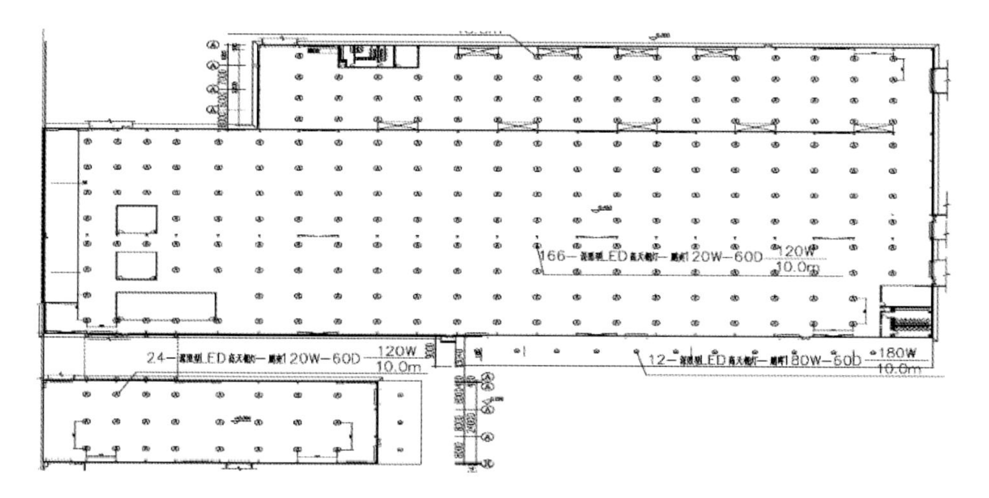

图 19-9　通用型厂房灯光点位布置图

表 19-1　灯具安装高度与功率关系

灯具安装高度	灯具功率
4m	40W
6 ~ 8m	50 ~ 80W
10 ~ 12m	80 ~ 120W
12 ~ 16m	150 ~ 200W
16m 以上	200W 及以上

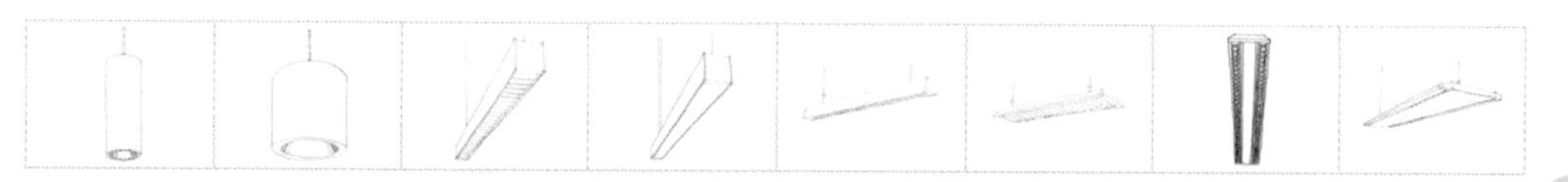

表 19-2 灯具距离与高度比例与灯具光束角关系

距高比（灯具间距与灯具安装高度）	灯具光束角
1.5 ~ 2.5	120°
0.8 ~ 1.5	100°
0.5 ~ 1.0	60°

通用型工业厂房如有采光天窗应充分利用自然光，天花灯具布置点位则应尽量避让天窗位置（图 19-10、图 19-11）。厂房靠近墙面开窗位置布置的灯具则建议考虑灯具区分回路，并加装照度传感器以实现节能目的。

图 19-10 天花和墙壁均有采光窗的厂房

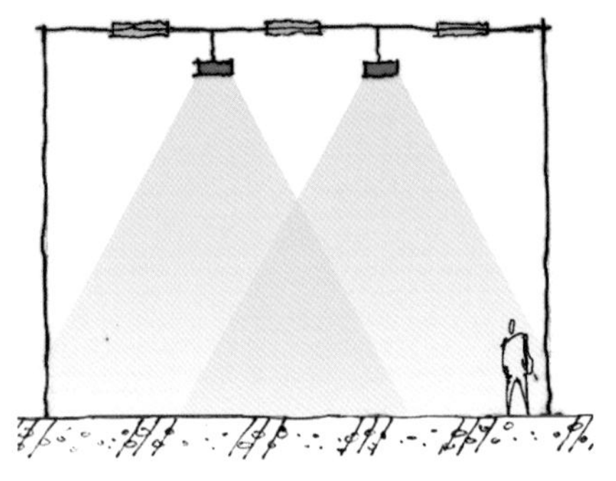

图 19-11 厂房灯光布局示意图

二次照明设计

根据高大生产设备的安装位置设置二次照明位置，对需要特别观察的生产环节配置重点照明，以满足作业所需的照度要求（图 19-12）。应根据生产工艺及设备高度、布局等选择重点照明的照射范围，可采用线性灯具、射灯、面板灯（图 19-13）等具有不同的光线覆盖范围的灯具。灯具应根据生产工艺需要及操作者工作位置布置，灯光照射在工位所在的操作位置应避免遮挡，同时应避免直射眼睛，降低眩光（图 19-15）。

部分灯具可根据需要安装在墙上或柱上。工作台区域可考虑台灯加强照明（图 19-14）。某些特殊行业则可采用移动式照明器具对观察节点加强照明。

图 19-12 工厂顶棚一次照明与生产区域二次照明

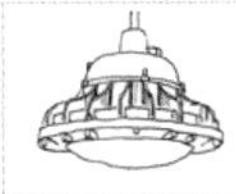
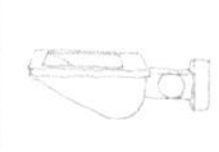

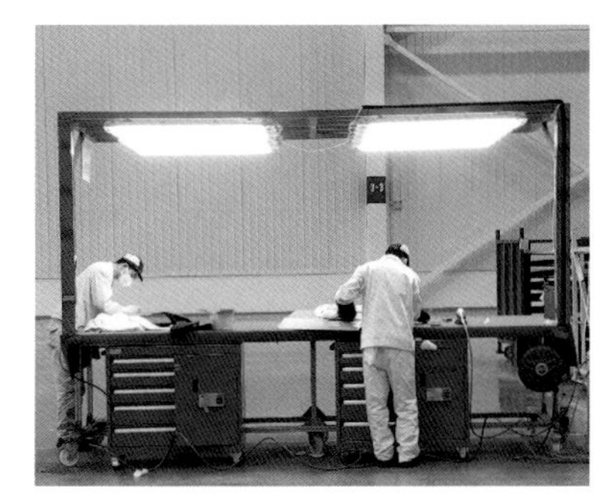

图 19-13　采用面板灯二次照明

图 19-14　采用壁装灯具二次照明

图 19-15　二次照明灯具安装位置应避免遮挡所产生的阴影

19.2.2　仓储空间

仓储空间与通用型工业厂房天花区域没有本质的区别，没有行车等工业设备，空间相对单一。地面型仓储需提供充足的地面照度，灯具应避开天窗、风管、喷淋、风扇等安装于顶棚的设备（图 19-16）。

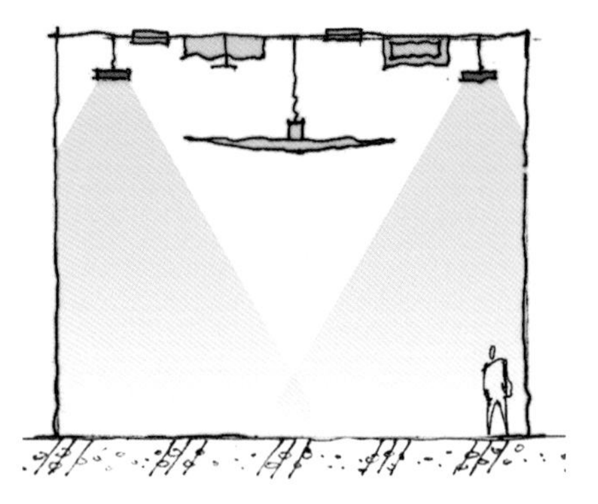

图 19-16　地面型仓储灯光排布示意图

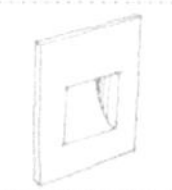
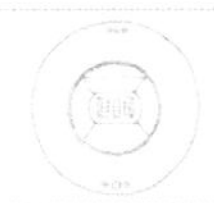

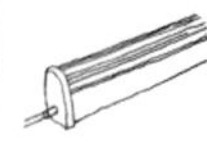

货架型仓储，需要堆垛机或叉车取放仓储物品的高大型货架，通道宽度一般在 3 ~ 3.5m（图 19-17）；而人工取放仓储物品的密集排布的货架，通道宽度一般为 1 ~ 1.5m（图 19-18）。

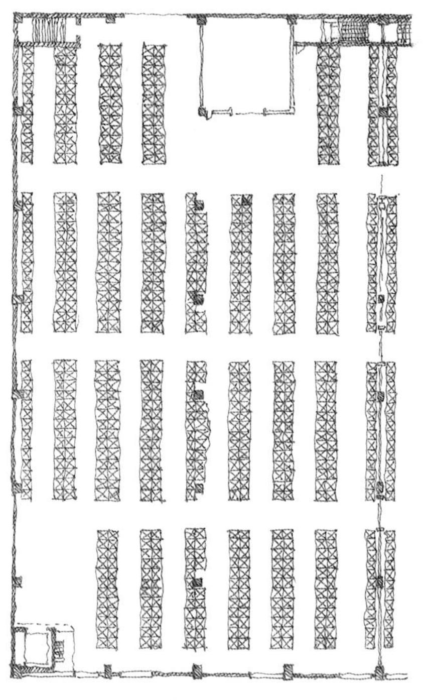
图 19-17 3m 宽货架通道平面布局示意图

雀巢咖啡仓储空间

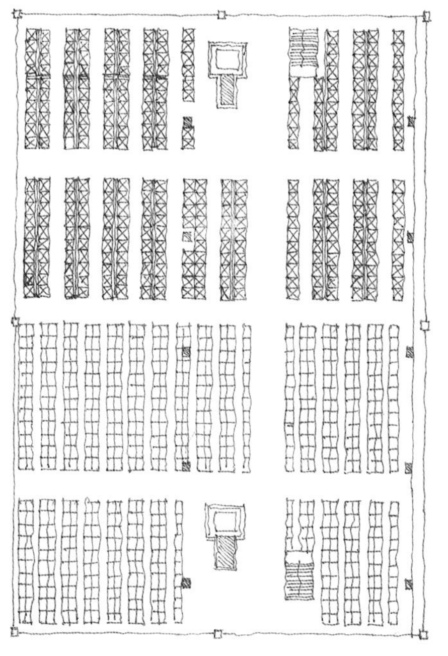
图 19-18 1 ~ 1.5m 宽货架通道平面布局示意图

京东物流仓储空间

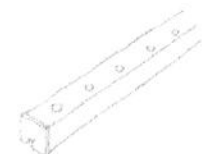

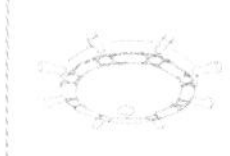

灯光设置应根据货架的高度、间距等参数合理选择灯具配光，满足货架立面，尤其是人眼观察区域的照明要求，优先考虑非对称配光或窄配光的灯具，满足货架的立面照明要求，提高货品和库位的识别度，出入库操作的准确性。

堆垛机或叉车工作的货架通道，建议使用 60° 光束角的灯具（图 19-19）。灯具功率的选择根据货架高度及灯具安装高度确定，具体内容可参照（表 19-1）。需要注意的是，堆垛机或叉车举升操作时操作人员仰望天花，对灯具眩光防护要求较高，需选取带罩型天棚灯或表面亮度较低的灯具。

自动化立体库的货品取放均由机械装置完成，采用专用系统控制；货架间距较小，仅需满足堆垛机进出空间即可；货架本身结构及堆垛机对光线遮挡严重，应选择窄光束角的灯具。

人工取放仓储物品的密集排布的货架，可选择线型灯具布置于货架之间。

货物分拣包装区域，灯光尽量采用宽光束灯具均匀布置，光线均匀覆盖传送带、人工分拣、物品临时堆放等整个区域（图 19-20）。在不影响空间其他设备运行的前提下，灯具悬吊尽量降低，发挥灯具效率，节约用电。如有自然采光，应采用照度传感器联动控制调节室内灯光，在一定范围实现恒照度控制，照度传感器应设置在日光较强时段所覆盖的室内区域。

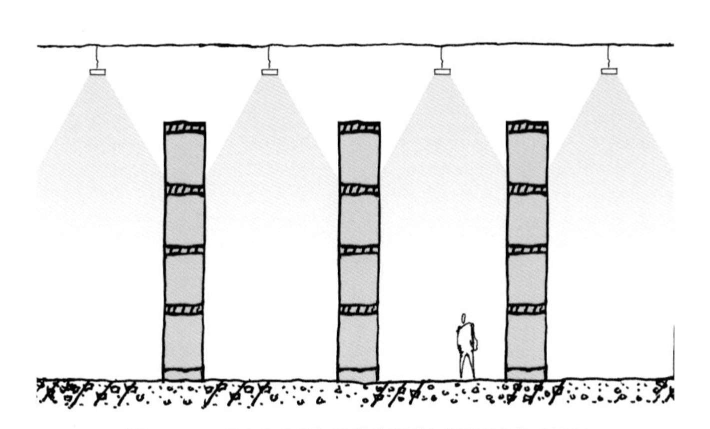

图 19-19　货架灯具根据通道布局排布并采用大角度灯具

雀巢咖啡仓储空间

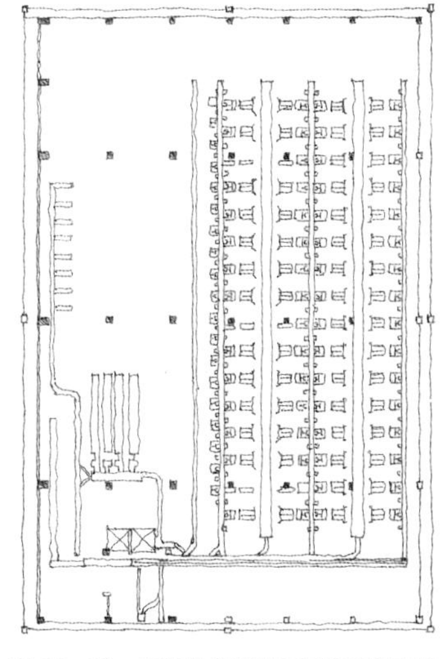

图 19-20　传送分拣包装区域平面示意图

京东物流仓储分拣区域

长时间无人逗留，只进行检查、巡视和短时操作的仓储空间，可设置移动传感器，通过人体感应调节室内灯光，减少开关灯的困扰。

在日常的运行中，工作人员除了可以通过按键面板来控制空间中的灯光外，还可以通过智能照明控制系统进行系统的设定，定时开启或关闭灯光，减少人为的操作失误。

19.2.3 常用灯具

工业空间的灯具使用应考虑以下几个问题：

1. LED 灯具的初始光通量不应低于额定光通量的 90%，且不应高于额定光通量的 120%；

2. 灯具的寿命不应低于 30000 小时。

3. 灯具应能在 –30℃ ~ 45℃环境温度下正常工作。

4. 使用于特殊场所时应满足该场所的环境温度、湿度和腐蚀性等其他要求。

（1）对于厂房条件比较恶劣的空间，应对灯具的防护等级（IP）提出要求，对水流及灰尘的侵扰具有较高的防护能力。一般场合符合防护等级 IP20 要求即可，室内空间有大量灰尘侵扰的空间，灯具防护等级则应达到 IP65。

（2）当灯具的安装环境有可能遭受外力打击或本身的安装位置有不可避免的震动存在时，应有抗冲击等级（IK）的要求。振动较弱或遭受击打能量较低时，选用冲击等级 IK07 的灯具，振动较强或遭受击打能量较高时，选用 IK08 等级的灯具。

（3）当室内环境为腐蚀性环境时，应考虑灯具的防腐蚀等级要求特性。安装环境为中等腐蚀环境，应采用 WF1 防腐等级，安装环境为强腐蚀环境，应采用 WF2 防腐等级。需要说明的是，W 为户外型防腐灯具，室内灯具也多采用此防腐标准。

5. 防爆灯具的使用可参照表 19–3、表 19–4 的具体内容。

6. 洁净灯具的使用可参照表 19–5、表 19–6 的具体内容。

天棚灯		防爆灯具	三防灯具	洁净灯具

表 19–3 爆炸性气体环境危险等级

0 区	1 区	2 区
连续出现或长期出现爆炸性气体混合物的环境（连续释放源）	在正常运行时，可能出现爆炸性气体混合物的环境（1 级释放源）	在正常运行时，不可能出现爆炸性气体混合物的环境，若出现也是偶尔发生并且仅是短时间存在（2 级释放源）
每年至少出现 1000h	每年在 10 ~ 1000h	每年在 10h 以下
注：爆炸性气体环境分为三个危险区，基于危险等级，在 1 区和 2 区环境下可使用防爆灯具		

表 19-4 爆炸性气体环境类型

I 类	II 类	III 类
煤矿瓦斯气体环境用电气设备	煤矿甲烷以外爆炸性气体环境（工厂）用电气设备	煤矿甲烷以外爆炸性粉尘环境用电气设备
煤矿井下（甲烷）	工厂用电气设备（乙烯、乙醛等）	工厂用电气设备（导电性粉尘和非导电性粉尘）
注：爆炸性气体环境类型分为三个使用场所，根据危险性，在 II 类和 III 类使用场所可使用防爆灯具		

表 19-5 ISO14644-1（国际标准）

空气洁净	大于或等于所标粒径的粒子最大浓度限值（空气粒子数个 /m^3）					
度等级 (N)	0.1 μ m	0.2 μ m	0.3 μ m	0.5 μ m	1.0 μ m	5.0 μ m
ISO Class1	10	2				
ISO Class2	100	24	10	4		
ISO Class3	1000	237	102	35	8	
ISO Class4	10000	2370	1020	352	83	
ISO Class5	100000	23700	10200	3520	832	29
ISO Class6	1000000	237000	102000	35200	8320	293
ISO Class7				352000	83200	2930
ISO Class8				3520000	832000	29300
ISO Class9				35200000	8320000	293000

表 19-6 药品生产洁净室（区）的空气洁净度

洁净度级别	尘粒最大允许数 /m^3		微生物最大允许数浮游菌 / 立方米	沉降菌 / 皿
	≥ 0.5 μ m 尘粒数	≥ 5 μ m 尘粒数		
100 级	3500	0	5	1
10000 级	350000	2000	100	3
100000 级	3500000	20000	500	10
300000 级	10500000	60000	1000	15

19.3 案例分析

19.3.1 三一重工长沙工业厂房（恶劣环境厂房）

三一重工长沙工业厂房 LED 照明改造，采用 LED 灯具替换传统光源灯具。厂房总面积超 1 万 m^2，厂房高度为 15m，灯具安装高度 13m。现状照明存在灯具损坏较多，灯具耗电量大，实测照度值偏低等缺点。改造设计地面平均照度为 200lx。项目共安装了 6000 套 120W LED 天棚灯。

现场照片

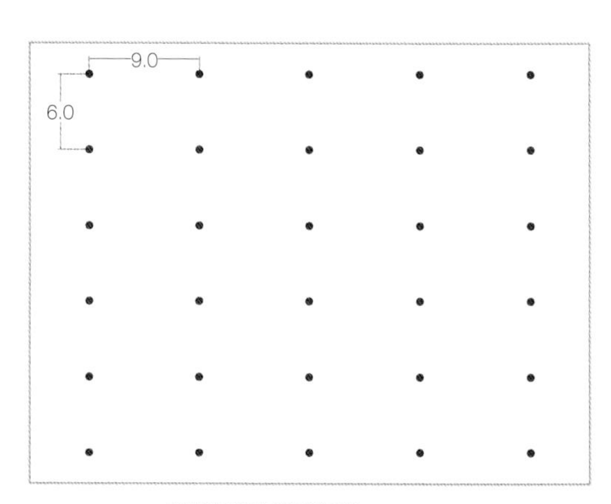

顶棚灯具布置示意图

设计技术指标

空间高度（m）	灯具高度（m）	灯具功率（W）	光束角（°）	标准值（lx）	照度（lx）	均匀度	功率密度（W/m^2）	布灯间距（m）
15	12	120	60	200	207	0.6	2.2	6×9

19.3.2 万纬成都双流空港物流园（通用性厂房及仓储空间）

万纬成都双流空港物流园建筑面积超 9 万 m^2，紧邻成都双流国际机场。仓库高度 11m，灯具安装高度 10m。改造设计工作面平均照度为 300lx。共安装 2997 套 150W LED 天棚灯，施工完毕后，整体仓库照明更安全，高效，节能。

现场照片

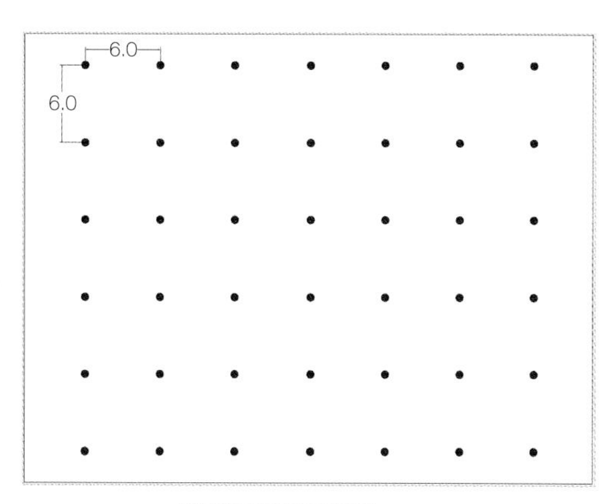

顶棚灯具布置示意图

设计技术指标

空间高度（m）	灯具高度（m）	灯具功率（W）	光束角（°）	标准值（lx）	照度（lx）	均匀度	功率密度（W/m^2）	布灯间距（m）
11	10	150	60	300	317	0.6	3.6	6×6

19.3.3 半导体生产基地（洁净厂房）

该半导体生产基地位于无锡，占地面积超 2 万 m^2。洁净生产车间高 3m，灯具安装高度 3m。设计工作面平均照度 500lx。共安装约 1000 套 36W LED 洁净灯具。

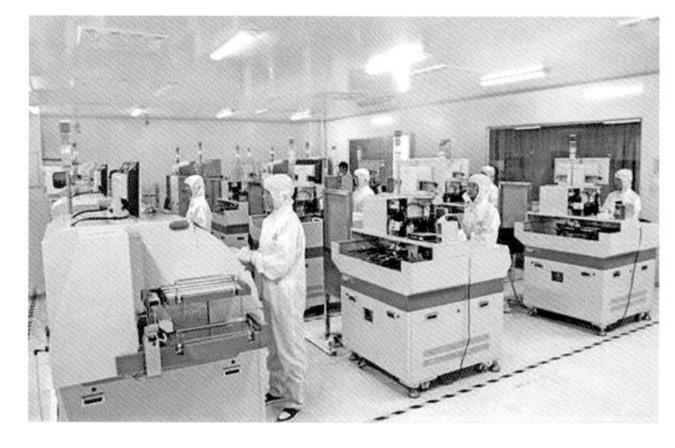

现场照片

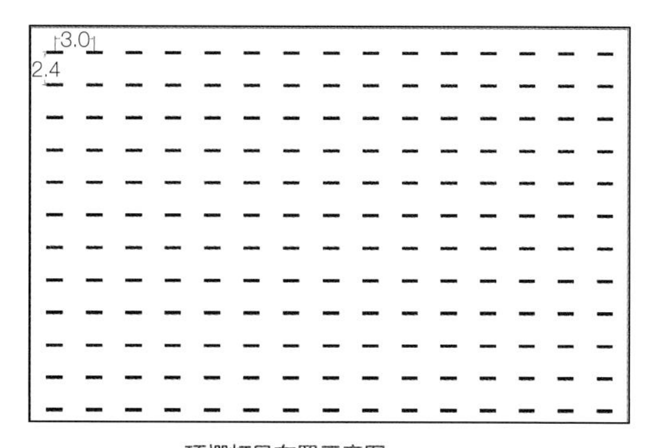

顶棚灯具布置示意图

设计技术指标

空间高度（m）	灯具高度（m）	灯具功率（W）	光束角（°）	标准值（lx）	照度（lx）	均匀度	功率密度（W/m^2）	布灯间距（m）
3	3	36	150	500	502	0.8	4.9	3×2.4

19.3.4 内蒙古美力坚科技化工有限公司

（爆炸和火灾危险性厂房）

项目位于内蒙古蒙西工业园区，总投资超 15 亿元，年产 40.5 万 t 燃料和有机颜料中间体。厂房平均高度为 17m，灯具安装高度 15m。设计工作面平均照度 150lx。采用 100W LED 防爆灯具。

现场照片

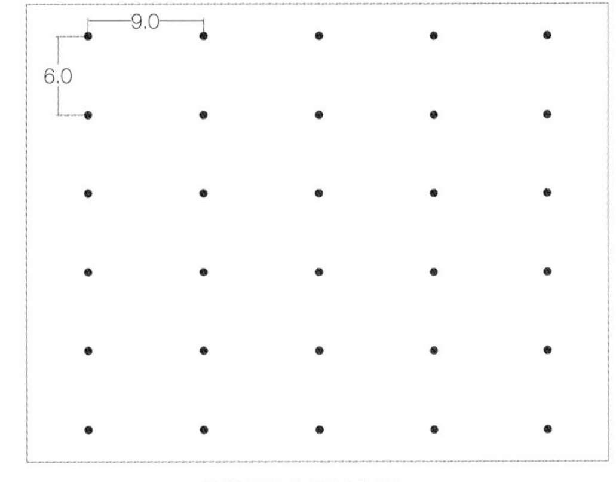

顶棚灯具布置示意图

设计技术指标

空间高度（m）	灯具高度（m）	灯具功率（W）	标准值（lx）	照度(lx)	均匀度	功率密度（W/m²）	布灯间距（m）
17	15	100	150	154	0.6	2.8	6×6

照片提供者

图 1–10　阴冷的感觉 – 照奕恒照明设计（北京）有限公司
图 1–11　不自然的暖光 – 照奕恒照明设计（北京）有限公司
图 1–12　不同显色指数对比 – 惠州雷士光电科技有限公司
图 1–13　眩光 – 照奕恒照明设计（北京）有限公司
图 1–21　装饰灯槽 – 照奕恒照明设计（北京）有限公司（北京蓝色港湾购物中心）
图 1–22　主照明灯槽 – 西安建筑科技大学建筑设计研究院赛文工作室
图 2–1(1)　不同类型住宅 – 广州市柏舍装饰设计有限公司（郑州雅居乐御宾府）
图 2–1(3)　不同类型住宅 – 刘刚设计师私人设计机构 刘刚（怡•宁静）
图 2–1(2)(4) 不同类型住宅 – 重庆佑佳照明设计有限公司
图 2–10　大平层（大户型）住宅客厅 – 重庆佑佳照明设计有限公司
图 2–11(1)　不同风格的别墅空间 – 重庆佑佳照明设计有限公司
图 2–11(3)　不同风格的别墅空间 – PINKI 品伊国际创意（广州南沙金茂湾商墅）
图 2–11(2)　不同风格的别墅空间 – 杭州陈涛室内设计有限公司（绿城桃李春风样板房）
图 2–14(a)　不同组合类型的餐厅 – 照奕恒照明设计（北京）有限公司
图 2–16(1)　独立式及开放式厨房 – 问境室内装饰设计有限公司（融信澜园 – 谧境）
图 2–19　书房灯光 – 谢迪生（川墅）
图 2–28　家庭影音室 – WEDU 孟元波设计师事务所（东方高尔夫）
图 3–3　肯德基 – 欧普照明股份有限公司
图 3–4　喜茶 – 深圳埃素灯光设计顾问有限公司（喜茶上海缤谷广场店）
图 3–6(c)　店招（Logo）灯光形式 – 照奕恒照明设计（北京）有限公司
图 3–15　开放就餐区 – 金螳螂设计研究总院上海设计院（上海中心大厦尚九料理）
图 3–17　西式快餐 – 欧普照明股份有限公司（肯德基常州怀德路大润发店）
图 3–19　快餐点餐柜台 – 欧普照明股份有限公司（汉堡王）
图 3–20　自选取点餐柜台 – 照奕恒照明设计（北京）有限公司
图 3–21　饮品店 – 深圳埃素灯光设计顾问有限公司（喜茶上海缤谷广场店）
图 3–22　前台操作区 – 深圳埃素灯光设计顾问有限公司（喜茶上海缤谷广场店）
图 3–25　包间餐桌灯光布局示意图及效果 – 北京市洛西特灯光设计顾问有限公司（苏州希尔顿逸林酒店）
图 3–26　包间休息区灯光氛围 – 北京市洛西特灯光设计顾问有限公司（苏州希尔顿逸林酒店）
图 3–28　明档灯光布局示意图及效果 – 照奕恒照明设计（北京）有限公司（北京王府井万丽酒店）
图 3–29　自选区 – 北京本至光影照明设计有限公司（杭州富春开元芳草地乡村酒店）
图 4–1　传统式办公空间 – 广州市耐贝西照明有限公司
图 4–2(1)　共享式办公空间 – 北京艾迪尔建筑装饰工程股份有限公司

图 4-2(2)　共享式办公空间 – 张力（山东绿地国际金融中心 IFC 办公中心）
图 4-3(1)　不同类型办公门厅 – 广州市耐贝西照明有限公司
图 4-3(2)　不同类型办公门厅 – 上海飞视装饰设计工程有限公司（杭州绿地中央广场）
图 4-4　射灯 – 深圳市太合南方建筑设计工程有限公司（深圳天安云谷办公室）
图 4-5　洗墙 – 北京三色石环境艺术设计院有限公司（深圳湾华润金融控股办公总部）
图 4-6　间接灯槽 – 广州市耐贝西照明有限公司
图 4-7　背发光墙面 – 上海飞视装饰设计工程有限公司（山东绿地国际金融中心 IFC 办公中心）
图 4-8(1)(2)　不同类型 Logo 表现方式 – 广州市耐贝西照明有限公司
图 4-8(3)　不同类型Logo表现方式 – 沈阳市中科创艺照明科技有限公司(大连北方版权交易中心）
图 4-8(4)　不同类型 Logo 表现方式 – 照奕恒照明设计（北京）有限公司（照奕恒上海办公室）
图 4-9　候梯厅 – 广州市耐贝西照明有限公司
图 4-23(2)　独立办公室 – 照奕恒照明设计（北京）有限公司（北京星德宝 BMW 5S 中心）
图 4-26　二次眩光 – 照奕恒照明设计（北京）有限公司
图 4-27 ①②　会议室不同灯光布置方式 – 广州市耐贝西照明有限公司
图 4-27 ③　会议室不同灯光布置方式 – 北京艾迪尔建筑装饰工程股份有限公司（神州优车集团总部）
图 4-27 ④　会议室不同灯光布置方式 – 上海现代建筑装饰环境设计研究院有限公司（上海中海集运大厦办公楼）
图 4-27 ⑤　会议室不同灯光布置方式 – 上海现代建筑装饰环境设计研究院有限公司（上海中海集运大厦办公楼）
图 4-28(1)　休闲区灯光氛围 – 上海全筑建筑装饰集团（全筑集团办公楼）
图 4-28(2)　休闲区灯光氛围 – 广州市耐贝西照明有限公司
图 5-1　北京王府井万丽酒店 – 照奕恒照明设计（北京）有限公司
图 5-14　前台装饰灯光氛围 – 照奕恒照明设计（北京）有限公司
图 5-29　餐厅入口 – 照奕恒照明设计（北京）有限公司
图 5-38　吧台及酒品陈列区 – 照奕恒照明设计（北京）有限公司（南京卓美亚酒店）
图 5-43(1)　宴会前厅 – 照奕恒照明设计（北京）有限公司（北京王府井万丽酒店）
图 5-43(2)　宴会前厅 – 照奕恒照明设计（北京）有限公司（重庆梨树湾温泉酒店）
图 5-46(1)　宴会厅天花造型及墙面重点照明 – 照奕恒照明设计（北京）有限公司（上海明捷万丽酒店）
图 5-46(2)　宴会厅天花造型及墙面重点照明 – 照奕恒照明设计（北京）有限公司（北京优唐皇冠假日酒店）
图 7-12(1)(2)　过道与楼梯灯光氛围 – 照奕恒照明设计（北京）有限公司
图 8-1　服装店 – 欧普照明股份有限公司
图 8-2　珠宝店 – 欧普照明股份有限公司
图 8-4　家具店 – 欧普照明股份有限公司
图 8-7　入口重点照明 – 欧普照明股份有限公司
图 8-8　有明确主题的橱窗展示 – 欧普照明股份有限公司
图 8-9　主光与背景光的搭配 – 照奕恒照明设计（北京）有限公司

图 12–17　冲孔板发光 – 深圳市元本室内建筑设计有限公司（南昌朝阳洲天虹购物中心）
图 12–19　手扶梯自带灯光 – 照奕恒照明设计（北京）有限公司
图 12–22　天花造型灯槽 – 照奕恒照明设计（北京）有限公司
图 12–23(1)　柱子结合灯光元素 – 照奕恒照明设计（北京）有限公司（西单大悦城）
图 12–23(2)　柱子结合灯光元素 – 照奕恒照明设计（北京）有限公司
图 12–24(1)　电梯厅灯光氛围 – 照奕恒照明设计（北京）有限公司
图 12–24(2)　电梯厅灯光氛围 – 照奕恒照明设计（北京）有限公司（西单大悦城）
图 12–25(1)　卫生间灯光氛围 – 广州厚华设计工程有限公司（昆明吾悦广场）
图 12–26(1)　过道灯光氛围 – 照奕恒照明设计（北京）有限公司
图 12–26(2)　过道灯光氛围 – 广州厚华设计工程有限公司（昆明吾悦广场）
图 13–1　中国人民抗日战争胜利纪念馆 – WAC 华格照明科技 (上海) 有限公司
图 13–2　故宫博物院 – WAC 华格照明科技 (上海) 有限公司
图 13–3　浙江省自然博物院 – WAC 华格照明科技 (上海) 有限公司
图 13–5　上海龙美术馆 – 照奕恒照明设计（北京）有限公司
图 13–6　上海展览中心 – WAC 华格照明科技 (上海) 有限公司
图 13–8　大厅 / 序厅附加展陈功能 – 照奕恒照明设计（北京）有限公司（邓小平缅怀馆）
图 13–9(2)　三种轨道安装方式 – 照奕恒照明设计（北京）有限公司
图 13–11　空间中只采用展品重点照明 – 北京科可瑞照明设计有限公司（江苏海澜集团马文化博物馆）
图 13–12　平柜 – 杭州正野博展艺术有限公司（绍兴市兰亭书法博物馆）
图 13–14　龛柜 – 杭州九木堂建筑装饰设计有限公司（浙江省博物馆意大利千年马约里卡精粹展览）
图 13–16　独立柜 – 照奕恒照明设计（北京）有限公司（邓小平故居陈列馆）
图 13–20　对光不同敏感程度的文物类型 – 武汉大学刘强
图 13–26　传统器物陈列类型 – 杭州九木堂建筑装饰设计有限公司（浙江省博物馆意大利千年马约里卡精粹展览）
图 13–28　裸展形式 – 照奕恒照明设计（北京）有限公司
图 13–29(2)　展品外打光 – 照奕恒照明设计（北京）有限公司
图 13–32(2)　科普教育类 – 照奕恒照明设计（北京）有限公司（2010 上海世博会中国船舶馆）
图 13–34　临时展览轨道系统 – 北京睿思集展示设计有限公司（看 – 柯锡杰摄影创作 50 年展）
图 14–1　中国国家大剧院 – 郑庆龄
图 14–2(1)　哈尔滨大剧院 – 栋梁国际照明设计 (北京) 中心有限公司
图 14–2(2)　哈尔滨大剧院 – 北京优雅士照明设计有限公司
图 14–3　剧场空间布局平面图 – 中孚泰文化建筑股份有限公司
图 14–4　哈尔滨大剧院小剧场大厅 – 北京优雅士照明设计有限公司
图 14–11　贵宾休息室 – 中孚泰文化建筑股份有限公司（广州大剧院）
图 14–14(1)　观众席 – 长安大学建筑声光研究所（佛坪县旅游文化　服务中心剧院）
图 14–14(2)　观众席 – 北京优雅士照明设计有限公司（哈尔滨大剧院）
图 14–16　观众厅立面间接灯槽效果 – 郑锦铭

图 14-21　观众厅星空灯光氛围 - 中孚泰文化建筑股份有限公司

图 14-22(1)　阶梯灯具设置 - 南京凯风建筑装饰工程有限公司（南京幸福蓝海国际影城）

图 14-22(2)　阶梯灯具设置 - 　i-LèD

图 14-24　广州大剧院主舞台 - 中孚泰文化建筑股份有限公司（广州大剧院）

图 14-25　佛坪县旅游文化服务中心剧院主舞台 - 长安大学建筑声光研究所

图 14-26　舞台区空间布局示意图 - 中孚泰文化建筑股份有限公司

图 14-29　广州大剧院排练厅 - 中孚泰文化建筑股份有限公司

案例分析　乌镇大剧院室内 - 郑锦铭

图 15-3(1)　入口区域 - 欧普照明股份有限公司

图 15-3(2)　入口区域 - 惠州雷士光电科技有限公司（河源图书馆）

图 15-4　服务台灯光示意图 - 陈创燃

图 15-5(1)　楼梯灯光做法（装饰灯带）- 照奕恒照明设计（北京）有限公司

图 15-5(2)　楼梯灯光做法（侧边地脚灯）- 陈创燃

图 15-5(3)　楼梯灯光做法（楼梯踏步灯带）- 浙江世贸装饰股份有限公司（西溪湿地莲美术馆）

图 15-6　书库 - 欧普照明股份有限公司

图 15-7(1)　不同书柜排列及灯光做法 - 欧普照明股份有限公司

图 15-7(2)　不同书柜排列及灯光做法 - Tamás　Mészáros

图 15-17　书库相邻的阅览区 - 欧普照明股份有限公司

图 15-24(2)　卡座自习室灯光布置方式 - 陈创燃

图 17-17　康大夫国际医疗中心二次候诊区 - 黄春林、李伟根（杭州康大夫国际医疗中心）

图 17-22　核磁共振检查室增加装饰照明以舒缓检查时不安情绪 - 黄春林、李伟根（杭州康大夫国际医疗中心）

图 18-8　安检柜台 - 惠州雷士光电科技有限公司

图 18-9(2)(3)　指廊不同灯光设置方式 - 照奕恒照明设计（北京）有限公司

图 18-11(a)　行李提取区不同灯光布局方式 - 照奕恒照明设计（北京）有限公司

本书第 3 章餐饮空间、第 4 章办公空间、第 5 章酒店空间、第 6 章会所空间、第 7 章民宿空间、第 8 章零售店铺空间、第 11 章娱乐空间、第 12 章购物中心空间、第 13 章展陈空间、第 14 章剧院空间、第 15 章图书馆空间、第 18 章交通空间上述未列明之拍摄照片由各章第一作者提供；第 9 章超市空间、第 10 章书店空间、第 16 章学校空间、第 17 章医院空间、第 19 章工业厂房及仓储空间上述未列明之拍摄照片由欧普照明提供。

案例分析项目提供

02 住宅空间：重庆棕榈泉（重庆佑佳照明设计　刘勤）

03 餐饮空间：乾塘餐厅（浙江省建筑设计研究院　方方）

光单元：喜茶上海缤谷广场店（埃素灯光设计）

04 办公空间：物质大厦办公室（埃素灯光设计）

vivo 东莞总部大楼（欧普照明股份有限公司）

05 酒店空间：泉州希尔顿酒店（函润（国际）照明设计顾问有限公司　余显开）

南京卓美亚酒店（照奕恒照明设计（北京）有限公司　施恒照）

06 会所空间：H-CLUB 会所（浙江省建筑设计研究院　方方）

07 民宿空间：福州杭舍民宿（深圳尚曦照明设计有限公司　易胜）

08 零售店铺空间：SPYDER 运动服饰（欧普照明股份有限公司）

李宁运动服（欧普照明股份有限公司）

09 超市空间：七范儿 SEVEN FUN（欧普照明股份有限公司）

10 书店空间：安徽铜陵图书馆新华书店（欧普照明股份有限公司）

11 娱乐空间：F Party KTV（中国美术学院风景建筑设计研究总院　陈继华）

12 购物中心空间：海花岛购物中心（深圳市索氏照明设计事务所有限公司　索斌）

西单大悦城－玫瑰园（照奕恒照明设计（北京）有限公司　施恒照）

13 展陈空间：邓小平故居陈列馆（照奕恒照明设计（北京）有限公司　施恒照）

14 剧院空间：乌镇大剧院（北京市洛西特灯光设计顾问有限公司　王鑫）

15 图书馆空间：河源市图书馆（雷士照明）

16 学校空间：江苏省苏州市吴江汾湖实验小学（欧普照明股份有限公司）

上海孔家花园幼儿园（欧普照明股份有限公司）

成都市天立学校（雷士照明）

17 医院空间：金华康复医院（欧普照明股份有限公司）

18 交通空间：北京大兴国际机场（北京盖乐照明设计有限公司　顾冰）

19 工业厂房及仓储空间：三一重工长沙工业厂房（欧普照明股份有限公司）

万纬成都双流空港物流园（欧普照明股份有限公司）

半导体生产基地（欧普照明股份有限公司）

内蒙古美力坚科技化工有限公司（欧普照明股份有限公司）

本书编写单位

主 编 单 位：中国建筑装饰协会建筑电气分会

副主编单位：北京青藤莱特文化传播有限公司

欧普照明股份有限公司

惠州雷士光电科技有限公司

参编单位：

01　光与灯具

欧普照明股份有限公司

惠州雷士光电科技有限公司

照奕恒照明设计（北京）有限公司

02　住宅空间

欧普照明股份有限公司

惠州雷士光电科技有限公司

江苏融点工程科技有限公司

深圳市国盈光电有限公司

广东匠著装饰设计工程有限公司

上海工艺美术职业学院

江门市想天照明科技有限公司

杭州科尚照明科技有限公司

青岛易来智能科技股份有限公司

03　餐饮空间

欧普照明股份有限公司

惠州雷士光电科技有限公司

中山石客照明有限公司

04　办公空间

欧普照明股份有限公司

惠州雷士光电科技有限公司

北京清控人居光电研究院有限公司

广东三雄极光照明股份有限公司

广州市耐贝西照明有限公司

浙江省建筑设计研究院

上海工艺美术职业学院

罗姆尼光电系统技术（广东）有限公司

北京清尚建筑装饰工程有限公司
中国美术学院风景建筑设计研究总院有限公司
中建八局第二建设有限公司
武汉正隆装饰工程有限责任公司
朗德万斯照明科技（深圳）有限公司
深圳普拉达光电科技有限公司
陕西鼎盛装饰工程有限责任公司
浙江大东吴集团建设有限公司
中国建筑西北设计研究院有限公司
浙江梦怡建筑装饰有限公司
沈阳市中科创藝照明科技有限公司
广州大尊照明设计有限公司

05　酒店空间
欧普照明股份有限公司
惠州雷士光电科技有限公司
函润（国际）照明设计顾问有限公司
广东三雄极光照明股份有限公司
深圳市国盈光电有限公司
广州市耐贝西照明有限公司
广东匠著装饰设计工程有限公司
深圳市乐的美光电股份有限公司
罗姆尼光电系统技术（广东）有限公司
江门市想天照明科技有限公司
中建八局第二建设有限公司
佛山市银河兰晶照明有限公司
深圳市金曼斯光电科技有限公司
深圳市迪派照明有限公司
中国中建设计集团有限公司
江苏南通三建建筑装饰有限公司
苏州金螳螂建筑装饰股份有限公司
杭州上下设计顾问有限公司

06　会所空间
欧普照明股份有限公司
惠州雷士光电科技有限公司
赫斯贝德纳室内设计咨询（上海）有限公司
苏州金螳螂建筑装饰股份有限公司
广东加彩照明科技股份有限公司
北京三色石环境艺术设计院有限公司

07　民宿空间

欧普照明股份有限公司

惠州雷士光电科技有限公司

深圳尚曦照明设计有限公司

08　零售店铺空间

欧普照明股份有限公司

惠州雷士光电科技有限公司

上海慕濑照明设计有限公司

广州市耐贝西照明有限公司

箔晶智能照明（广东）有限责任公司

09　超市空间

欧普照明股份有限公司

惠州雷士光电科技有限公司

10　书店空间

欧普照明股份有限公司

惠州雷士光电科技有限公司

广州星亚照明科技有限公司

11　娱乐空间

欧普照明股份有限公司

惠州雷士光电科技有限公司

中国美术学院风景建筑设计研究总院

广东匠著装饰设计工程有限公司

上海慕濑照明设计有限公司

12　购物中心空间

欧普照明股份有限公司

惠州雷士光电科技有限公司

深圳市索氏照明设计事务所有限公司

深圳市国盈光电有限公司

深圳市乐的美光电股份有限公司

广州大尊照明设计有限公司

13　展陈空间

欧普照明股份有限公司

惠州雷士光电科技有限公司

深圳市国盈光电有限公司
上海工艺美术职业学院
武汉正隆装饰工程有限责任公司
北京清尚建筑装饰工程有限公司
广东博容照明科技有限公司
湖州大秦建筑装饰工程有限公司

14　剧院空间
欧普照明股份有限公司
惠州雷士光电科技有限公司
北京市洛西特灯光设计顾问有限公司
浙江省建筑设计研究院
中孚泰文化建筑股份有限公司

15　图书馆空间
欧普照明股份有限公司
惠州雷士光电科技有限公司
深圳市大晟环境艺术有限公司

16　学校空间
欧普照明股份有限公司
惠州雷士光电科技有限公司
广东三雄极光照明股份有限公司
中孚泰文化建筑股份有限公司
苏州金螳螂建筑装饰股份有限公司

17　医院空间
欧普照明股份有限公司
惠州雷士光电科技有限公司
广东三雄极光照明股份有限公司
箔晶智能照明（广东）有限责任公司
万得福实业集团有限公司

18　交通空间
欧普照明股份有限公司
惠州雷士光电科技有限公司
北京盖乐照明设计有限公司
德才装饰股份有限公司
浙江省建筑设计研究院
广州市耐贝西照明有限公司

万得福实业集团有限公司
广州市柏舍装饰设计有限公司
中铁二局集团装饰装修工程有限公司

19　工业厂房及仓储空间
欧普照明股份有限公司
惠州雷士光电科技有限公司

本书手绘图由周强、施恒照提供，手绘后期处理由照奕恒照明设计（北京）有限公司提供